中国工程院重大咨询研究项目

我国煤矿安全及废弃矿井资源开发利用战略研究

袁 亮 主编

第9卷

抚顺露天矿资源
开发利用战略研究

袁 亮 罗萍嘉 陈树召 陈 宁 等 著
王林秀 刘 勇 陈孙蛟 纪飞峰

科学出版社

北京

内 容 简 介

在中国，煤炭是露天开采的最主要资源之一。开展我国煤矿安全及废弃矿井资源开发利用战略研究，是我国保持长期稳定发展的必然要求。抚顺市拥有我国最大的煤炭露天矿坑，破解抚顺市废弃露天矿坑的生态化再利用谜题，无疑为开启我国废弃露天矿绿色资源化利用之门提供了良好的借鉴和开端。本书作为中国工程院重大咨询研究项目"我国煤矿安全及废弃矿井资源开发利用战略研究"系列丛书之一，系统总结分析了抚顺市作为煤炭资源枯竭型城市的发展历程、现状、面临的挑战和重大变革方向；聚焦城市发展问题，分析提出了新时代新形势下废弃露天矿再利用与城市转型策略，有效补充煤炭资源型城市绿色转型和可持续发展的相关研究，为政府决策提供一种整体的、基于学科交叉的存量土地再利用新思路。

本书适合资源开发利用相关专业研究人员参考阅读。

图书在版编目(CIP)数据

抚顺露天矿资源开发利用战略研究/ 袁亮等著. —北京：科学出版社，2020.9

（我国煤矿安全及废弃矿井资源开发利用战略研究/袁亮主编；9）

中国工程院重大咨询研究项目

ISBN 978-7-03-066163-0

Ⅰ. ①抚… Ⅱ. ①袁… Ⅲ. ①露天矿–矿产资源开发–研究–抚顺
Ⅳ. ①TD804

中国版本图书馆 CIP 数据核字（2020）第 176611 号

责任编辑：刘翠娜 郑欣虹 / 责任校对：樊雅琼
责任印制：吴兆东 / 封面设计：蓝正设计

科 学 出 版 社 出版
北京东黄城根北街 16 号
邮政编码：100717
http://www.sciencep.com

北京捷迅佳彩印刷有限公司 印刷
科学出版社发行 各地新华书店经销
*

2020 年 9 月第 一 版　　开本：787×1092 1/16
2022 年 1 月第二次印刷　　印张：12 1/2
字数：260 000

定价：160.00 元

（如有印装质量问题，我社负责调换）

中国工程院重大咨询研究项目

我国煤矿安全及废弃矿井资源开发利用战略研究

项目顾问　李晓红　谢克昌　赵宪庚　张玉卓　黄其励
　　　　　　苏义脑　宋振骐　何多慧　罗平亚　钱鸣高
　　　　　　薛禹胜　邱爱慈　周世宁　陈森玉　顾金才
　　　　　　张铁岗　陈念念　袁士义　李立浧　马永生
　　　　　　王　安　于俊崇　岳光溪　周守为　孙龙德
　　　　　　蔡美峰　陈　勇　顾大钊　李根生　金智新
　　　　　　王双明　王国法

项目负责人　袁　亮

课题负责人

课题 1　我国煤矿安全生产工程科技战略研究　　　　　袁　亮　康红普
课题 2　国内外废弃矿井资源开发利用现状研究　　　　　　　　刘炯天
课题 3　废弃矿井煤及可再生能源开发利用战略研究　　　　　　凌　文
课题 4　废弃矿井地下空间开发利用战略研究　　　　　　　　　赵文智
课题 5　废弃矿井水及非常规天然气开发利用战略研究　　　　　武　强
课题 6　废弃矿井生态开发及工业旅游战略研究　　　　　　　　彭苏萍
课题 7　抚顺露天煤矿资源综合开发利用战略研究　　　　　　　袁　亮
课题 8　项目战略建议　　　　　　　　　　　　　　　　　　　袁　亮

本书研究和撰写人员

课题负责人

袁　亮　中国工程院　院士

专题一　煤炭工业影响下的城市发展研究

组长：罗萍嘉　常　江

成员：周宏轩　苏　丹　姬　智　苗晏凯　王吉臣　李国明

　　　顾思浩　操小晋　陈雯倩　李　璐　孙文萍　辛梦远

专题二　我国露天采煤发展与废弃露天矿资源研究

组长：才庆祥　陈树召

成员：周　伟　李兆福　丁小华　时旭阳　李兆霖　栾博钰

　　　陆　翔　赵新佳　杨　猛　潘朝港　王志明

专题三　抚顺露天矿废弃矿井抽水蓄能可行性研究

组长：陈　宁　张保生

成员：刘　方　黄子恒　付　丽　杨　丽　彭　伟　李　琦

　　　宋　晨　王　琨　朱广宇

专题四　抚顺露天矿资源开发与再利用及对策研究

组长：王林秀　邓元媛

组员：余慕溪　郭　缙　张梓钰　邓超懿　孙　婧　崔景山

　　　鲍　萍　汪　兴　叶紫薇　张小洁　张博铭　高晋武

　　　胡　桃

丛 书 序 一

煤炭是我国能源工业的基础，在未来相当长时期内，煤炭在我国一次能源供应保障中的主体地位不会改变。习近平总书记指出，在发展新能源、可再生能源的同时，还要做好煤炭这篇文章[①]。随着我国社会经济的快速发展和煤炭资源的持续开发，部分矿井已到达其生命周期，也有部分矿井不符合安全生产要求，或开采成本过高而亏损严重，正面临关闭或废弃。预计到2030年，我国关闭/废弃矿井将达到1.5万处。直接关闭或废弃此类矿井不仅会造成资源的巨大浪费和国有资产流失，还有可能诱发后续的安全、环境等问题。据调查，目前我国已关闭/废弃矿井中赋存煤炭资源量就高达420亿吨、非常规天然气近5000亿立方米、地下空间资源约为72亿立方米，并且还具有丰富的矿井水资源、地热资源、旅游资源等。以美国、加拿大、德国为代表的欧美国家，在废弃矿井储能及空间利用等方面开展了大量研究工作，并已成功应用于工程实践，而我国对于关闭/废弃矿井资源开发利用的研究起步较晚、基础理论研究薄弱、关键技术不成熟，开发利用程度远低于国外。因此，开展我国煤矿安全及废弃矿井资源开发利用研究迫在眉睫，且对于减少资源浪费、变废为宝具有重大的战略研究意义，同时可为关闭/废弃矿井企业提供一条转型脱困和可持续发展的战略路径，对于推动资源枯竭型城市转型发展具有十分重要的经济意义和政治意义。

中国工程院作为我国工程科学技术界最高荣誉性、咨询性学术机构，深入贯彻落实党中央和国务院的战略部署，针对我国煤矿安全及废弃矿井资源开发利用面临的问题与挑战，及时组织三十余位院士和上百名专家于2017～2019年开展了"我国煤矿安全及废弃矿井资源开发利用战略研究"重大咨询研究项目。项目负责人袁亮院士带领项目组成员开展了系统性的深入研究，系统调研了国内外煤矿安全及废弃矿井资源开发利用现状，足迹遍布国内外主要关闭/废弃矿井；归纳总结了国内外关闭/废弃矿井资源开发利

---

① 中国共产党新闻网. 谢克昌："乌金"产业绿色转型. (2016-01-18)[2020-05-30]. http://theory.people.com.cn/n1/2016/0118/c40531-28063101.html.

用的主要途径和模式;根据我国煤矿安全发展面临的新挑战和不同废弃矿井资源禀赋条件下进行开发利用所面临的制约因素,从科技创新、产业管理等方面,提出了我国煤矿安全及废弃矿井资源开发利用的战略路径和政策建议。该项目凝聚了众多院士和专家的集体智慧,研究成果将为政府相关规划、政策制订和重大决策提供支持,具有深远的意义。

在此对各位院士和专家在项目研究过程中严谨的学术作风致以崇高的敬意,衷心感谢他们为国家能源发展付出的辛勤劳动。

中国工程院　院长

2020 年 6 月

丛 书 序 二

煤炭是我国的主导能源,长期以来为我国经济发展和社会进步做出了重要贡献。我国资源赋存的基本特点是贫油、少气、相对富煤,煤炭的主体能源地位相当长一段时期内无法改变,仍将长期担负国家能源安全、经济持续健康发展重任。随着我国煤炭资源的持续开发,很多煤矿正面临关闭或废弃,预计到 2030 年,我国关闭/废弃矿井将到达 1.5 万处。这些关闭/废弃矿井仍赋存着多种、巨量的可利用资源,运用合理手段对其进行开发利用具有重大意义。但目前我国煤炭企业的关闭/废弃矿井资源再利用意识相对淡薄,大量矿井直接关闭或废弃,这不仅造成了资源的巨大浪费,还有可能诱发后续的安全、环境等问题。

我国关闭/废弃矿井资源开发利用存在极大挑战:首先,我国阶段性废弃矿井数量多,且煤矿地质条件极其复杂,难以照搬国外利用模式;其次,在国家层面,我国目前尚缺少废弃矿井资源开发利用整体战略;最后,我国关闭/废弃矿井资源开发利用基础理论研究薄弱、关键技术还不成熟。

目前,我国关闭/废弃矿井资源有两类开发利用模式:一类是储气库,利用关闭盐矿矿井建设地下储气库是目前比较成熟的模式,如金坛地区成功改造 3 口关闭老腔,形成近 5000 万立方米的工作气量。另一类是矿山地质公园,当前全国有超过 50 余处国家矿山公园。可见我国对关闭/废弃矿井资源开发利用的研究正在不断取得突破,但是整体处于试验阶段,仍有待深入研究。

我国政府高度关注煤矿安全和关闭/废弃矿井资源开发利用。十八大以来,习近平总书记多次强调要加强安全生产监管,分区分类加强安全监管执法,强化企业主体责任落实,牢牢守住安全生产底线,切实维护人民群众生命财产安全[①]。2017 年 12 月,习近平总书记考察徐州采煤塌陷地整治工程,指出"资源枯竭地区经济转型发展是一篇大文章,实践证明这篇文章完全可以做好"[②]。2018 年 9 月,习近平总书记来到抚顺矿业集团西露天矿,了解采煤沉

---

① 新华网. 习近平对安全生产作出重要指示强调 树牢安全发展理念 加强安全生产监管 切实维护人民群众生命财产安全. (2020-04-10) [2020-05-10]. http://www.xinhuanet.com/2020-04/10/c_1125837983.htm.

② 新华网. 城市重生的徐州逻辑——资源枯竭城市的转型之道. (2019-04-19) [2020-05-10]. http://www.xinhuanet.com/politics/2019-04/19/c_1124390726.htm.

陷区综合治理情况和矿坑综合改造利用打算时强调，开展采煤沉陷区综合治理，要本着科学的态度和精神，搞好评估论证，做好整合利用这篇大文章①。

为了深入贯彻落实党中央和国务院的战略部署，中国工程院于 2017～2019 年开展了"我国煤矿安全及废弃矿井资源开发利用战略研究"重大咨询研究项目。项目研究提出：首先，我国应把关闭/废弃矿井资源开发利用作为"能源革命"的重要支撑，推动储能及多能互补开发利用，开展军民融合合作，研究国防及相关资源利用，盘活国有资产。其次，政府尽快制定关闭/废弃矿井资源开发利用中长期规划，健全关闭/废弃矿井资源治理机制，由国家有关部门牵头，统筹做好关闭/废弃矿井资源开发利用顶层设计，建立关闭/废弃矿井资源综合协调管理机构，开展示范矿井建设，加大资金项目和财税支持力度，为关闭/废弃矿井资源开发利用营造良好发展生态。最后，还应加大关闭/废弃矿井资源开发利用国家科研项目支持力度，支持地下空间国际前沿原位测试等领域基础研究，将关闭/废弃矿井资源开发利用关键性技术攻关项目列入国家重点研发计划、能源技术重点创新领域和重点创新方向，促进国家级科研平台建立，培养高素质人才队伍，突破关键核心技术，提升关闭/废弃矿井资源开发利用科技支撑能力，助力蓝天、碧水、净土保卫战。

开展我国煤矿安全及废弃矿井资源开发利用战略研究，不仅能够构建煤矿安全保障体系，提高我国关闭/废弃矿井资源开发利用效率，而且可为我国关闭/废弃矿井企业提供一条转型脱困和可持续发展的战略路径，对于提高我国煤矿安全水平、促进能源结构调整、保障国家能源安全和经济持续健康发展具有重大意义。

中国工程院　院士

2020 年 5 月

---

① 人民网. 抚顺西露天矿综合治理与整合利用总体思路和可研报告评估论证会在京举行. (2020-05-29) [2020-05-29]. http://ln.people.com.cn/n2/2020/0529/c378318-34051917.html.

前　言

　　资源型城市是我国重要的城市类型之一。在我国进入高度城市化的背景下，许多资源型城市因资源枯竭或者国家政策的调整，进入转型期。一方面，资源枯竭型城市面临诸如经济结构失衡、失业和贫困人口较多、生态环境破坏、维护社会稳定压力较大等问题；另一方面，经过一个多世纪高强度开采，资源枯竭型城市的矿井多存在资源开采条件差、开采深度大、多种灾害并存、治理难度大的问题。此外由于长期的开采活动，那些因资源枯竭废弃或即将废弃的矿区，散布在资源型城市内，制约着城市用地的扩展和城市内部空间结构的调整，加剧了资源枯竭型城市的矛盾。

　　我国是一个煤炭资源开采和利用大国，其中 95%以上的煤炭资源通过井工开采完成，其余 5%是露天开采。截至 2017 年底，全国共有 439 座露天煤矿，其中，已经闭坑的露天煤矿 10 余座，面临闭坑的露天煤矿 30 余座，主要分布在东北、新疆和陕西等地区。作为煤炭资源型城市，辽宁抚顺正是这样一座建立在露天矿坑边上的城市。抚顺素有"煤都"的美誉，煤炭工业曾经长期作为其城市发展中的主导产业，城市各项规划和建设大多围绕煤炭产业的发展而进行。在抚顺城市南部，分布有国内甚至世界范围内最大的露天矿坑，还有多处井工矿、开采形成的露天矿坑、排土场，以及其他生产和生活场地，这些大量占据着城市土地，且与城市空间交织在一起，形成"矿在城中，城在矿中"的特殊城市空间和功能结构。随着资源的大量消耗和煤炭工业的衰退，煤炭工业与城市发展之间的矛盾也越来越显著。20 世纪末，通过国家政策的指导和城市发展理念的深入，抚顺进入城市转型期，城市发展模式开始由围绕矿区的城市发展建设向城市整体质量的提升转变。

　　2017 年，有幸加入中国工程院重大咨询研究项目"我国煤矿安全及废弃矿井资源开发利用战略研究"项目组，在抚顺市政府、国家开发银行的支持下，来自中国矿业大学矿业工程、安全工程、城乡规划、工程管理、热能等多个学科的专家学者在第七课题组"抚顺露天煤矿资源综合开发利用战略研究"进行了长达两年的联合研究，课题组提出了以创新试验为引领，以转型升级绿色发展为主线，以大力发展接续产业为抓手，以重大项目建设为牵动，力求通过露天矿坑能源综合治理和利用将环境包袱转化为资源和财富的战略构想，使抚顺西露天矿坑真正实现"变废为宝"，实现抚顺在国内乃至世界范围内"以露天煤矿综合治理利用为牵动，带动资源枯竭型城市转型为新型能源城市"的典范。

令课题组感到振奋的是，2018年9月28日习近平总书记视察抚顺，并在参观西露天矿时指出，资源枯竭型城市如何发展转型是一个大课题，要认真研究，不能急，要一步一步来[①]。本书正是在习近平总书记的这一思想指导下，结合课题组两年来的研究成果编辑撰写而成。本书的出版，既是我们课题组前期工作的总结，更是研究抚顺露天矿综合治理、开发与再开发以及城市转型的开端。东北振兴，关闭矿山的再开发与再利用，我们一直在路上。

常 江 罗萍嘉

2019 年 12 月

---

① 新华网. 习近平号召"做一颗永不生锈的螺丝钉". (2018-09-28)[2020-05-31]. http://www.xinhuanet.com/politics/2018-09/28/c_1123499478.htm.

目　　录

丛书序一

丛书序二

前言

第一章　我国露天煤矿概述 ……………………………………………………… 1

　　第一节　我国露天采煤基本情况 ………………………………………… 3

　　第二节　我国露天煤矿主要危害 ………………………………………… 19

　　第三节　我国废弃露天矿情况 …………………………………………… 30

第二章　废弃露天矿再利用与城市转型国内外经验 ………………………… 37

　　第一节　国内废弃露天矿再利用模式 …………………………………… 39

　　第二节　国内废弃露天矿再利用案例 …………………………………… 40

　　第三节　国外废弃露天矿再利用案例 …………………………………… 51

第三章　抚顺市城市发展 ……………………………………………………… 71

　　第一节　抚顺城市概况 …………………………………………………… 73

　　第二节　抚顺城市演变历程 ……………………………………………… 73

　　第三节　抚顺城市演变模式 ……………………………………………… 83

　　第四节　抚顺城市演变特征 ……………………………………………… 86

　　第五节　抚顺总体发展战略 ……………………………………………… 90

第四章　抚顺露天矿现状分析 ………………………………………………… 95

　　第一节　抚顺露天矿及周边总体情况 …………………………………… 97

　　第二节　抚顺市区地质灾害主要类型 …………………………………… 99

　　第三节　抚顺露天矿治理现状分析 ……………………………………… 107

第五章　抚顺煤炭工业与城市演变 …………………………………………… 109

　　第一节　煤炭工业对抚顺城市演变的影响与作用 ……………………… 111

　　第二节　抚顺煤炭工业与城市发展耦合 ………………………………… 120

第六章　抚顺露天矿资源开发与再利用 ……………………………………… 127

　　第一节　抚顺露天矿再工业化发展研究 ………………………………… 129

第二节　抚顺露天矿后工业化发展研究 ···················· 146

第三节　抚顺露天矿抽水蓄能电站技术研究 ·············· 163

第七章　闭矿影响下城市转型期面临的问题与对策研究 ·············· 175

参考文献 ··· 183

第一章

我国露天煤矿概述

第一节　我国露天采煤基本情况

露天开采是一种作业较集中、垂深或面积较大、规模较大、工程持续时间较长的土石方工程。

一、露天开采概述

矿产资源露天开采的特点是采掘空间直接敞露于地表，与井工(地下)开采相比，露天开采具有如下显著优点：

(1)生产规模大、效率高；

(2)开采成本一般较低；

(3)回收率高，可顺便采出伴生矿物；

(4)木材、金属、电力等材料消耗少；

(5)作业安全、劳动条件好，能开采易燃、多水、高瓦斯矿床；

(6)矿山基本建设周期短，投产及达产快。

基于以上优点，世界各主要采煤国都把发展露天开采作为重点，德国、澳大利亚、印度、美国、俄罗斯和南非等国的露天产煤量远高于地下开采量，且整体呈逐渐上升趋势，见图1-1。

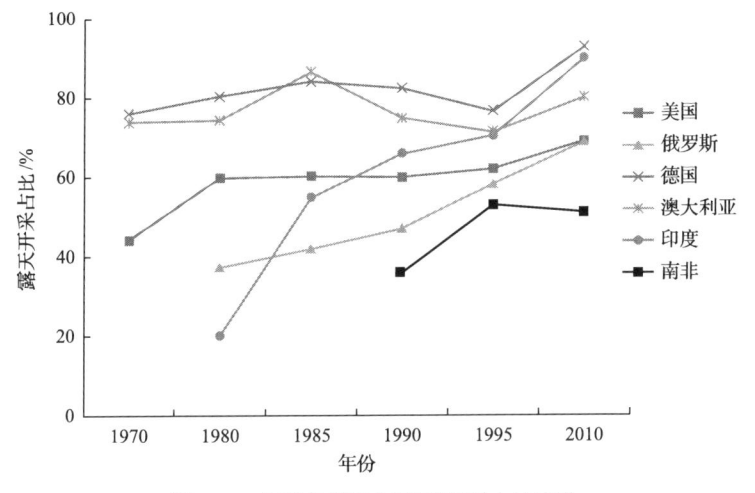

图 1-1　主要产煤国家露天开采占比变化

在这些国家的带动下，全球露天采煤总产量和占比也呈逐渐上升趋势。1913 年，世界煤炭总产量为 13.41 亿 t，其中露天采煤产量仅为 0.90 亿 t，占比 6.7%；1952 年，世界煤炭总产量上升为 19.22 亿 t，其中露天采煤产量为 4.50 亿 t，占比上升到 23.4%；到 1981 年，世界煤炭总产量上升至 37.62 亿 t，其中露天采煤产量达到 15.10 亿 t，占比跃升至 40.1%。1913～1981 年的 68 年中，世界煤炭总产量增长了 1.8 倍，而露天采煤产量增长了 15.8 倍，露天矿成为驱动世界煤炭产量上升的主要动力。

我国富煤、缺油、少气的资源特点决定了以煤为主的能源消费结构，但长期以来我国煤炭资源开发以地下开采方式为主，露天矿开采占比长期低于 10%。进入 21 世纪以来，露天矿由于资源回收率高、安全、高效、劳动条件好等特点得到了国家重视，《煤炭工业发展"十一五"规划》《煤炭工业发展"十二五"规划》《煤炭工业发展"十三五"规划》均明确提出要"优先建设大型露天煤矿"，我国露天采煤量及其在全国煤炭产量中的占比也逐年升高，见图 1-2。尽管现阶段我国露天采煤占比已经超过了 20%，但仍远远落后于 50% 的世界主要采煤国家(除中国外)平均水平。

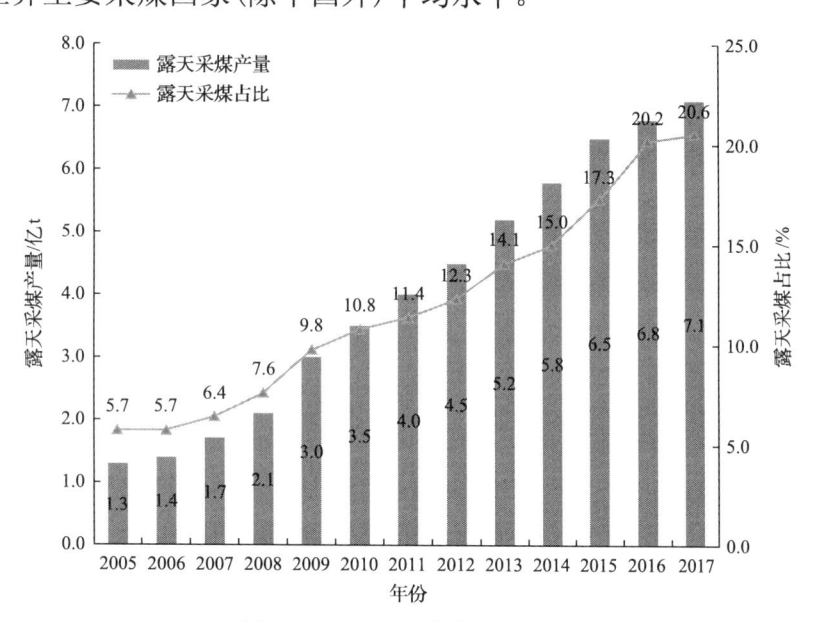

图 1-2　我国露天采煤产量及占比
(数据来源：历年《中国煤炭工业年鉴》)

二、适合露天开发的煤炭资源概况

我国煤炭资源开发长期以井工方式为主，其中一个重要的原因是适合露天开采的煤炭储量较少。但是，随着 21 世纪以来勘探力度的加大和开采工艺、生产装备的不断改进，适合露天开采的煤炭资源量不断增加，为露天开采规模扩大和产量占比提高奠定了基础。

(一)各省份煤炭资源分布

我国煤炭资源丰富、煤种齐全,除上海市和香港、澳门两个特别行政区外,其他省份都有一定的煤炭资源赋存。但各省份的资源分布极不均匀,华北和西部地区的资源储量最多、赋存条件最好,尤其以新疆和内蒙古两个自治区最为丰富。

根据现有勘探成果,我国内蒙古、新疆、山西、陕西、云南、宁夏、辽宁、吉林、黑龙江、青海、河南、甘肃、河北、贵州、广西15个省份有适合露天开采的煤炭资源,其中新疆维吾尔自治区最为丰富,资源量超 1000亿 t;内蒙古自治区次之,资源量超 500 亿 t;两自治区适合露天开采的资源占到全国总资源量的 90%以上。除了新疆和内蒙古两个自治区外,其他省份适合露天开采的资源都非常有限,且基本上已被生产和在建煤矿利用。

(二)各煤炭基地资源分布

2016 年底,国家发布《全国矿产资源规划(2016—2020 年)》,提出重点建设神东、晋北、晋中、晋东等 14 个煤炭基地,并划定了 162 个国家规划煤炭矿区,见表 1-1。其中,蒙东(东北)基地负责向东北三省和内蒙古东部地区供给煤炭;神东、晋北、晋中、晋东、陕北 5 个大型煤炭基地负责向华东、华北、东北等地区供给煤炭,并作为"西电东送"北通道的电煤基地;冀中、河南、鲁西、两淮 4 个基地负责向京津冀、中南、华东地区供给煤炭;云贵基地负责向西南、中南地区供给煤炭,并作为"西电东送"南通道的电煤基地;黄陇、宁东、新疆基地负责向西北、华东、中南地区供给煤炭。

表 1-1　国家规划煤炭矿区的地理位置

序号	行政区	煤炭基地	国家规划矿区
1	河北省	冀中基地	峰峰、邯郸、邢台、开滦、平原
2	山西省	晋北基地、晋中基地、晋东基地	大同、轩岗、岚县、平朔、朔南、河保偏、西山、东山、霍东、霍州、离柳、乡宁、晋城、潞安、阳泉、汾西、石隰、武夏
3	内蒙古自治区	蒙东(东北)基地、神东基地	五九、准哈诺尔、查干淖尔、吉日嘎郎、哈日高毕、赛汗塔拉、绍根、纳林希里、纳纳河、呼吉尔特、台格庙、新街、扎赉诺尔、胡列也吐、宝日希勒、伊敏、五一牧场、诺门罕、霍林河、农乃庙、贺斯格乌拉、白音华、高力罕、道特淖尔、乌尼特、五间房、巴彦胡硕、巴其北、吉林郭勒、白音乌拉、那仁宝力格、胜利、准格尔、准格尔中部、神东矿区东胜区、万利、高头窑、塔然高勒、上海庙、乌海、白彦花、巴彦宝力格、阜新、沈阳、鸡西、鹤岗、双鸭山、七台河
4	安徽省	两淮基地	淮北、淮南

序号	行政区	煤炭基地	国家规划矿区
5	山东省	鲁西基地	巨野、济宁、黄河北
6	河南省	河南基地	永夏、郑州、平顶山、义马、焦作、鹤壁
7	四川省	云贵基地	筠连、古叙
8	贵州省	云贵基地	六枝黑塘、普兴、黔北、织纳、水城、发耳、盘江
9	云南省	云贵基地	恩洪、镇雄、庆云、老厂、跨竹、小龙潭、昭通
10	陕西省	神东基地、陕北基地、黄陇基地	神东矿区神府区、榆神、榆横、彬长、永陇、韩城、澄合、蒲白、铜川、古城、吴堡、黄陵、旬耀、府谷
11	甘肃省	黄陇基地	宁正、红沙岗、华亭、灵台、甜水堡、沙井子、吐鲁
12	青海省		木里、鱼卡
13	宁夏回族自治区	宁东基地	马家滩、积家井、韦州、灵武、鸳鸯湖、红墩子、萌城
14	新疆维吾尔自治区	新疆基地	大南湖、淖毛湖、沙尔湖、三塘湖、艾丁湖、库木塔格、五彩湾、大井、将军庙、西黑山、老君庙、和什托洛盖、阜康、硫磺沟、黑山、伊宁、尼勒克、玛纳斯塔西河、四棵树、沙湾、昌吉白杨河、阿艾、阳霞、克布尔碱、三道岭、巴里坤、塔城白杨河、艾维尔沟、喀木斯特、北塔山、昭苏、俄霍布拉克、拜城、塔什店

全国14个大型煤炭基地中的9个分布有适合露天开采的资源,其中神东基地、蒙东(东北)基地、新疆基地、晋北基地、云贵基地为中国露天煤矿的集中区域;陕北基地、宁东基地适合露天开发的资源比例较低,露天煤矿较少;河南基地只有义马矿区有少量适合露天开采的资源,且基地内仅有的义马北露天煤矿已闭坑,现在只进行残煤回采;随着山西省煤炭资源整合开发的推进,晋东基地和晋中基地也出现了一些中小型的露天煤矿,但剥采比普遍较大;另外,在黄陇基地也分布有露天煤矿,但开采规模较小,一般都小于3Mt/a。

根据《国家发展改革委关于大型煤炭基地建设规划的批复》(发改能源〔2006〕352号)和《国家发展改革委关于新疆大型煤炭基地建设规划的批复》(发改能源[2014]387号)及相关申报文件,分析各煤炭基地适合露天开采的煤炭资源情况。

1. 神东基地

神东基地适合于露天开采的矿区有神东矿区、准格尔矿区和包头矿区。其中,神东矿区适合露天开采的地质储量为519.6Mt,可采储量为491.66Mt;准格尔矿区适合于露天开采的地质储量为6405.43Mt,可采储量为

5576.18Mt。从露天资源的储量看，准格尔矿区的储量丰富，神东矿区的储量相对较少。从开采条件看，准格尔矿区埋藏浅、煤层厚度大、赋存稳定、倾角小、水文地质条件简单、煤质优良、勘探程度高、剥采比适中，具备建设大型露天煤矿群的资源条件。

2. 蒙东(东北)基地

蒙东(东北)基地适合于露天开采的矿区主要有扎赉诺尔矿区、宝日希勒矿区、伊敏矿区、大雁矿区、胡列也吐矿区、诺门罕矿区、元宝山(平庄)矿区、霍林河矿区、白音华矿区、胜利矿区、贺斯格乌拉矿区、吉林郭勒矿区、白音乌拉矿区、准哈诺尔矿区、双鸭山矿区等，蒙东(东北)基地适合露天开采的煤炭资源量见表1-2。

表1-2　蒙东(东北)基地适合露天开采的煤炭资源量

序号	矿区名称	地质储量/Mt	可采储量/Mt
1	扎赉诺尔矿区	93.23	74.11
2	宝日希勒矿区	2851.34	—
3	伊敏矿区	8912.97	7886.15
4	大雁矿区	—	225.63
5	胡列也吐矿区	1851.86	1436.20
6	诺门罕矿区	3970.25	2323.85
7	元宝山(平庄)矿区	388.75	313.10
8	霍林河矿区	2058.18	1848.60
9	白音华矿区	5029.92	4827.93
10	胜利矿区	12603.84	11584.89
11	贺斯格乌拉矿区	876.75	838.82
12	吉林郭勒矿区	1786.00	1529.00
13	白音乌拉矿区	1381.30	940.63
14	准哈诺尔矿区	2127.01	1232.28
15	双鸭山矿区	890.87	836.64

数据来源：中国煤炭工业协会煤炭工业技术委员会，中国煤炭学会露天开采专业委员会，煤炭工业规划设计研究院有限公司. 中国露天煤炭事业百年发展报告(1914—2013)[M]. 北京：煤炭工业出版社，2015。

注：双鸭山矿区适合露天开采的资源集中于黑龙江省宝清县朝阳矿区。

3. 晋北基地

晋北基地位于山西省北部，适合于露天开采的矿区主要为平朔矿区和河保偏矿区。其中，平朔矿区适于露天开采的地质储量为3535.34Mt，可采储量为 2199.36Mt，煤层赋存深度为 100～200m，厚度为 24.5～34.77m，煤层结构简单、水文地质条件简单、剥采比较小（4.91～5.6m^3/t）、勘探程度高，适合建设大型露天煤矿。

4. 云贵基地

云贵基地是我国西南地区最大的煤炭产地，基地内适宜于露天开采的矿区主要为小龙潭矿区、昭通矿区、跨竹矿区。小龙潭矿区适合于露天开采、资源量丰富、地质构造不复杂、水文地质条件较好、煤层较稳定，矿区内适合于露天开采的保有地质储量为 1084.5Mt，可采储量为 709.45Mt。昭通矿区适合露天开发的地质资源量为 1696.3Mt，但煤质较差，目前开发的经济性较差。

5. 宁东基地

宁东基地适合于露天开采的储量较少、剥采比大（10m^3/t 以上），但煤质条件较好、勘探程度高、开发历史较长。

6. 新疆基地

新疆基地是国家第十四个大型煤炭基地，是我国煤炭生产力西移的重要承接区。根据《国家发展改革委关于新疆大型煤炭基地建设规划的批复》（发改能源[2014]387 号）的要求，新疆大型煤炭基地由吐哈、准噶尔、伊犁、库拜四大区组成，主要包括 36 个矿区，各大区的矿区分布及近期建设目标见表 1-3。

表 1-3　新疆基地各大区的矿区分布及近期建设目标

序号	大区	包含矿区	近期建设目标	近期重点开发矿区
1	吐哈	大南湖、淖毛湖、黑山、克布尔碱、三道岭、巴里坤、沙尔湖、三塘湖、艾丁湖	以疆煤外运和疆电外送为主	三道岭、淖毛湖、巴里坤、大南湖、沙尔湖、三塘湖
2	准噶尔	五彩湾、大井、西黑山、硫磺沟、昌吉白杨河、塔城白杨河、和什托洛盖、阜康、艾维尔沟、四棵树、沙湾、玛纳斯塔西河、将军庙、老君庙、喀木斯特、乌鲁木齐、水溪沟	以发展煤电、煤化工示范项目为主，优化布局大型工业园区，参与疆煤外运和疆电外送	五彩湾、大井、西黑山、昌吉白杨河、玛纳斯塔西河、喀木斯特、塔城白杨河
3	伊犁	伊宁、尼勒克、昭苏	以发展煤化工示范项目、煤电为主，实施煤炭就地转化	伊宁
4	库拜	俄霍布拉克、阿艾、拜城、塔什店、布雅、阳霞、喀拉吐孜		

注：其他矿区（含整个库拜大区）限制开发规模，主要以满足当地发电、城市供热、工业生产用煤和居民生活用煤为主。

根据《新疆大型煤炭基地建设规划》和各矿区总体规划，新疆基地部分矿区适合露天开采的煤炭资源量见表1-4。

表1-4 新疆基地部分矿区适合露天开采的煤炭资源

序号	矿区名称	地质储量/Mt	可采储量/Mt
1	淖毛湖	1645.90	1088.70
2	三塘湖	2105.10	1454.49
3	三道岭	36.30	—
4	巴里坤	—	106.12
5	大南湖*	2377.24	1433.83
6	沙尔湖	43867.20	31438.69
7	库木塔格	12667.87	8580.32
8	黑山	1099.64	989.62
9	五彩湾	17952.59	9578.73
10	大井	23080.31	17301.23
11	将军庙	5389.44	2633.62
12	西黑山	18630.72	10584.09
13	北塔山	325.00	221.00
14	伊宁	571.48	342.89

数据来源: 新疆维吾尔自治区发展和改革委员会, 中煤国际工程集团北京华宇工程有限公司, 新疆煤炭设计研究院有限责任公司. 新疆大型煤炭基地建设规划. 2011年。

*大南湖矿区属刚刚开始起步的新开发矿区, 勘探情况表中统计的资源量仅包括大南湖矿区西部区。

从露天资源的储量来看, 吐哈区的三塘湖矿区、大南湖矿区、沙尔湖矿区、黑山矿区, 准噶尔区的五彩湾矿区、大井矿区、将军庙矿区、西黑山矿区, 南疆区的俄霍布拉克矿区资源量丰富, 其他矿区资源量相对较少。

(三)我国露天煤炭资源的煤种特征

从世界主要采煤国家的生产情况看, 硬煤开采的露天占比约为30%, 褐煤开采的露天占比则超过85%。从我国现阶段的开采情况看, 露天矿开发的资源也以低变质程度煤为主, 主要煤种为褐煤、长焰煤、不黏煤和弱黏煤。具体到我国大型煤炭基地和主要露天矿区, 蒙东(东北)基地和云贵基地的小龙潭矿区以褐煤为主, 晋北基地的平朔矿区以气煤为主, 神东基地的准格尔矿区以长焰煤为主, 新疆基地的吐哈区、准噶尔区以不黏煤及长焰煤为主。

三、我国露天采煤现状

经过100多年的发展, 我国露天煤矿在数量、规模、开采技术等方面均

取得了长足的进步，拥有生产和在建露天煤矿 400 余座，其中年生产能力在
300 万 t/a 以上的大型露天煤矿有 30 多座，见表 1-5。

表 1-5　我国主要大型露天煤矿

序号	煤矿名称	生产能力/(万 t/a)	备注
1	中国神华能源股份有限公司哈尔乌素露天煤矿	3500	哈尔乌素露天煤矿
2	神华宝日希勒能源有限公司露天煤矿	3500	
3	神华准格尔能源有限责任公司黑岱沟露天矿	3400	
4	华能伊敏煤电有限责任公司露天矿	2200	
5	中国中煤能源股份有限公司平朔东露天矿	2000	
6	中煤平朔集团有限公司安家岭露天矿	2000	
7	中煤平朔集团有限公司安太堡露天矿	2000	
8	中国神华能源股份有限公司胜利一号露天矿	2000	神华北电胜利能源 有限公司露天矿
9	内蒙古霍林河露天煤业股份有限公司一号露天矿	1800	南露天矿
10	内蒙古霍林河露天煤业股份有限公司扎哈淖尔露天矿	1800	
11	内蒙古锡林郭勒白音华煤电有限责任公司露天矿	1500	
12	内蒙古白音华蒙东露天煤业有限公司白音华煤田三号露天矿	1400	
13	大唐国际发电股份有限公司胜利东二号露天矿	1000	
14	云南省小龙潭矿务局布沼坝露天矿	1000	
15	新疆天池能源有限责任公司将军戈壁二号露天煤矿	1000	
16	新疆天池能源有限责任公司准东大井矿区南露天煤矿	1000	
17	内蒙古霍林河露天煤业股份有限公司一号露天矿	1000	北露天煤矿
18	山西煤炭进出口集团河曲旧县露天煤业有限公司	800	
19	内蒙古平庄煤业(集团)有限责任公司元宝山露天矿	800	
20	神华新疆吉木萨尔县能源有限责任公司准东露天矿	800	
21	神华新疆奇台能源有限责任公司红沙泉一号露天矿	800	
22	内蒙古平庄煤业(集团)有限责任公司白音华一号露天矿	700	
23	新疆宜化矿业有限公司新疆五彩湾矿区一号露天矿	700	
24	北方魏家峁煤电有限责任公司露天煤矿	600	
25	内蒙古大雁矿业集团有限公司扎尼河露天矿	600	
26	国网能源哈密煤电有限公司大南湖二号露天矿	600	
27	伊吾广汇矿业有限公司白石湖露天矿	600	
28	内蒙古白音华海州露天煤矿有限公司白音华四号露天煤矿	500	
29	神华新疆托克逊矿业有限责任公司黑山露天煤矿	400	

续表

序号	煤矿名称	生产能力/(万 t/a)	备注
30	新疆圣雄能源股份有限公司托克逊县黑山矿区小露天煤矿	400	
31	新疆黑山露矿有限公司托克逊露天煤矿	350	
32	内蒙古北联电能源开发有限责任公司锋尖露天煤矿	300	
33	呼伦贝尔东明矿业有限责任公司东明露天矿	300	

经过 21 世纪以来 20 年的发展，我国露天采煤呈现出区域集中、开发主体集中、产业集群发展等特点。

(一)分布区域集中

现阶段，我国的露天煤矿分布在内蒙古、新疆、辽宁等 15 个省份，其中内蒙古的露天煤矿数量最多，有 200 多处，占全国总数的一半，并且绝大多数全国煤炭产区内的城市因受到煤炭资源枯竭的影响，出现了非煤产业发展缓慢、城市空间拓展滞后、城市经济水平日益下降、社会矛盾逐渐突出等问题。例如，全国煤炭主产区内蒙古、辽宁与山西的 2018 年城市化率增速较其他城市均提升缓慢，分别为 0.7%、0.6% 与 1.07%，城市人口呈现负增长。煤炭资源城市产业结构单一是这一问题的主要原因。

煤炭产区工业化与城市化的互动作用，不仅影响社会经济的发展过程，更主宰着区域的结构形态和运作模式，从影响因素角度看，煤炭产区的资源禀赋与矿区开发建设、地形及地质条件、交通运输、技术进步，以及城市规划会对煤炭资源型城市空间结构产生共性影响。

(二)开发主体集中

我国特大型露天煤矿多由央企开发，例如，国家能源投资集团有限责任公司(简称国家能源集团)由中国国电集团公司和神华集团有限责任公司合并重组而成，旗下有黑岱沟、哈尔乌素、宝日希勒一号、胜利西一号、西湾、五彩湾三号、红沙泉一号、元宝山、胜利西二号等千万吨级以上的特大型露天煤矿；中国中煤能源集团有限公司(简称中煤能源)旗下的平朔集团拥有安太堡、安家岭、平朔东露天等千万吨级以上的特大型露天煤矿；国家电力投资集团有限公司(简称国家电投)旗下拥有霍林河南露天矿、扎哈淖尔、白音华二号、白音华三号等千万吨级以上的特大型露天煤矿；中国华能集团有限公司(简称华能集团)旗下的伊敏煤电公司露天矿,生产能力达 22Mt/a;中国大唐集团有限公司(简称大唐集团)旗下的胜利东二号露天煤矿,设计生产能力达 30Mt/a。此外,云南省小龙潭矿务局旗下的布沼坝露天矿设计生产能力 13Mt/a;新疆天池能源有限责任公司旗下的大井矿区南露天煤矿生产能力超 30Mt/a,将军戈壁二号露天煤矿生产能力也达到了 10Mt/a。

(三)产业集群发展

露天煤矿产能大、共伴生资源开采量大,各企业纷纷结合自身特点积极开展资源综合利用技术研究和产业开发工作,形成了多种资源综合利用和集群产业发展模式。例如,华能伊敏煤电有限责任公司是我国第一个大型煤电联营项目,与伊敏露天矿配套建设了装机容量达 3400MW 的坑口电厂,为低热值褐煤露天煤矿开发拓展了空间;另外,国家能源集团的准格尔矿区、宝日希勒矿区等也配套发展了煤电产业链,改变了传统的以煤炭开采销售为主的单一产业模式。

四、我国露天采煤发展历程

中国是世界上发现、利用和开采煤炭资源最早的国家之一,17 世纪以前,我国在煤炭开采技术方面都居于世界领先地位,但是我国煤炭的大规模现代化开采始于 20 世纪,距今只有百余年的历史。

(一)解放前的露天开采(1949 年以前)

中国现代意义的露天煤矿开采较井工开采(开平煤矿)约晚 38 年。

1914 年(民国三年)4 月,日本侵略者在辽宁省抚顺市霸占了古城子露天堀(史称第一露天煤矿),并进行机械化开采改造,于 1916 年(民国五年)正式投产;1917 年(民国六年)建设了抚顺千金寨露天堀(史称第二露天煤矿);1927 年(民国十六年)建设了抚顺杨柏堡露天堀(史称第三露天煤矿)。1938 年(民国二十七年),古城子露天堀、千金寨露天堀、杨柏堡露天堀合并,称抚顺西露天堀(即今抚顺西露天煤矿前身),当年生产原煤 407.9 万 t。

1935 年(民国二十四年)~1945 年的 10 年间,日本侵略者在辽宁阜新相继开设了孙家湾、新邱、新邱南、新邱东、新邱北和孙家湾太平区南部等露天煤矿。

1914～1949 年，我国露天煤矿技术落后、产量规模较小，初期以人工开采为主，后转为机械开采，但发展缓慢。这期间我国主要露天煤矿开拓方式及开采工艺见表 1-6。

表 1-6　1914～1949 年中国露天煤矿开拓方式及开采工艺

序号	露天煤矿名称	开拓方式	开采工艺
1	抚顺西露天煤矿	缓沟开拓铁路运输与陡沟绞车提升	人工、蒸汽铲掘机开掘-窄轨铁道运输、卷扬机提升
2	阜新孙家湾露天煤矿	外部沟螺旋运输	单斗-窄轨铁道
3	阜新新邱露天煤矿	外部沟螺旋运输	单斗-窄轨铁道
4	阜新新邱南露天煤矿	外部沟螺旋运输	单斗-窄轨铁道
5	阜新新邱东露天煤矿	外部沟螺旋运输	单斗-窄轨铁道
6	阜新新邱北露天煤矿	外部沟螺旋运输	单斗-窄轨铁道
7	阜新孙家湾太平区南部露天煤矿	外部沟螺旋运输	单斗-窄轨铁道
8	鹤岗兴山北二层露天煤矿	倾斜沟开拓单钩串车绞车提升	手镐挖掘、钻孔爆破
9	鹤岗兴山北三层露天煤矿	倾斜沟开拓单钩串车绞车提升	手镐挖掘、钻孔爆破
10	鹤岗兴山北五层露天煤矿	倾斜沟开拓单钩串车绞车提升	手镐挖掘、钻孔爆破
11	黑河西岗子露天煤矿	串车绞车提升	手镐挖掘、钻孔爆破

(二)改革开放前的露天开采(1950～1977 年)

新中国成立后，伴随着社会主义建设的前进步伐，我国露天煤矿发生了巨大的变化。根据我国国民经济发展历程，将新中国成立至改革开放的这段历史划分为国民经济恢复时期(1949～1952 年)、稳定发展时期("一五"期间)、探索前进时期(1958～1965 年)和"文化大革命"时期(1966～1976 年)四个阶段。

1. 国民经济恢复时期

随着新中国成立，在党中央"全面恢复、重点建设"的方针指引下，露天煤矿同其他各行各业一样进入了国民经济恢复时期(1949～1952 年)。从1950 年开始，之前遗留下来的露天煤矿迅速恢复生产和进行改造，矿山工艺技术改造阶段人工与机械并行作业，如图 1-3 所示。辽宁相继新建和改造了抚顺西露天煤矿、抚顺东露天煤矿、阜新海州露天煤矿、新邱北露天煤矿、新邱东露天煤矿、金家洼子露天煤矿、平庄西露天煤矿、铁法大明小露天煤矿及南票邱皮沟小露天煤矿等共计 11 个露天煤矿，3 年生产原煤 520 万 t。

另外，黑龙江鹤岗兴山北二层露天煤矿和北三层露天煤矿、东山二层露天煤矿恢复生产，3年生产原煤17.9万t；新疆六道湾井田建设年产4万t的露天煤矿。

图1-3 从1950年开始人工与机械并行作业的露天开采方式

在国民经济恢复时期，露天煤矿生产工艺以单斗-窄轨铁道开采工艺为主，同时也采用箕斗提升系统，抚顺西露天煤矿、阜新海州露天煤矿改扩建后其生产规模及开采技术代表了新中国成立初期中国露天煤矿的生产水平。

2. 稳定发展时期

在"一五"期间的全国156项重点工程中，阜新海州露天煤矿和抚顺西露天煤矿被列入全国煤炭工业基地的重点建设项目。

苏联彼得格勒煤矿设计院设计的阜新海州露天煤矿(图1-4)用3年4个

图1-4 阜新海州露天煤矿(1956年)

月建成投产，设计生产能力为 300 万 t/a，是当时亚洲最大的露天煤矿。

1956 年，抚顺西露天煤矿进行了大规模的改扩建工作，由国家委托苏联彼得格勒煤矿设计院进行设计，设计规模为年产 500 万 t 原煤和 1400 万 m^3 油页岩。

1957 年，沈阳煤矿设计院设计的云南小龙潭露天煤矿（设计生产能力 45 万 t/a）、布沼坝露天煤矿（设计生产能力 35 万 t/a）建成投产；西安煤矿设计院设计的陕西铜川矿务局前河露天煤矿（设计生产能力 30 万 t/a）开始建设。

在此期间，正在设计的露天煤矿还有阜新新邱露天煤矿、河南义马北露天煤矿、扎赉诺尔灵泉露天煤矿及平庄西露天煤矿等。

3. 探索前进时期

1958～1962 年是实行国民经济第二个五年计划时期，为贯彻国家提出的"以钢为纲""以煤保钢""全民办矿""两条腿走路"的方针，全国各煤矿年年坚持高指标，产量大幅度增加。例如，1962 年新疆哈密矿务局露天煤矿产量达 150 万 t；1965 年平庄西露天煤产量达 315 万 t/a。同时，新设计露天煤矿的规模逐渐增大，建设步伐也迅速加快。1960 年新设计的河南省义马北露天煤矿和云南省可保露天煤矿的设计规模为 60 万 t/a，同年黑龙江鹤岗建成了设计规模为 30 万 t/a 的兴山三槽露天煤矿。

"大跃进"时期，露天煤矿采剥关系严重失调、设备失修，露天煤炭工业进入了"调整、巩固、充实、提高"时期。

4. "文化大革命"时期

1966 年开始，煤炭工业遭受严重冲击，管理秩序被打乱、生产停滞不前、产量下降、只采不剥或多采少剥现象严重，造成露天煤矿采剥失调，仅辽宁省各露天煤矿的剥离欠量就达 3395 万 m^3。这一时期，鹤岗矿务局北大岭西露天煤矿建成投产，规模 60 万 t/a；云南小龙潭露天煤矿开工建设，规模 60 万 t/a；布沼坝露天煤矿建成投产，规模 90 万 t/a；内蒙古自治区海勃湾公乌素露天煤矿开工建设，规模 120 万 t/a；新疆哈密三道岭露天煤矿建成投产，规模 150 万 t/a。以上建设的露天煤矿均采用单斗-卡车工艺或单斗-铁道工艺。

"文化大革命"时期，煤炭生产企业管理不善，大幅度的剥离欠量给以后煤炭工业的建设和发展带来了巨大影响。

(三)改革开放后的露天开采(1978~1999 年)

1978 年,党的第十一届三中全会后,煤炭工业认真贯彻执行国家制定的"调整、改革、整顿、提高"的政策,1981 年提出了"优先发展露天开采"的方针,以露天开采作为持续、稳定、健康发展煤炭工业的一项重要战略决策,开始规划建设霍林河露天煤矿、伊敏露天煤矿、平朔安太堡露天煤矿、准格尔煤田黑岱沟露天煤矿、平庄元宝山露天煤矿五大露天煤矿,露天煤炭工业进入快速全面发展的新时期。

(1)1984 年,设计生产能力 3Mt/a 的霍林河露天煤矿投产。

(2)1985 年,设计生产能力 15Mt/a 的平朔安太堡露天煤矿开工建设,见图 1-5。

图 1-5　中美合作的平朔安太堡露天煤矿

(3)1988 年,设计生产能力 10Mt/a 的霍林河露天煤矿二期扩建工程破土动工。

(4)1990 年,设计生产能力 12Mt/a 的准格尔煤田黑岱沟露天煤矿(含选煤厂)破土建设。

(5)1990 年,设计生产能力 5Mt/a 的平庄元宝山露天煤矿开始建设。

(6)1990 年,生产能力 5Mt/a 的伊敏露天煤矿一期工程正式批准设计。

这一阶段扩建的大型露天煤矿包括:抚顺西露天煤矿第五次改造扩能,

设计生产能力 5Mt/a; 阜新海州露天煤矿改扩建, 设计生产能力 5Mt/a。

改革开放后, 我国引进了先进的轮斗挖掘机连续工艺(小龙潭矿务局在 20 世纪 80 年代引进的轮斗挖掘机见图 1-6)、大型矿用卡车运输等开采技术与设备, 使得露天矿生产规模不断扩大。截至 20 世纪末, 我国建成了平朔安太堡露天煤矿、准格尔煤田黑岱沟露天煤矿等一批千万吨级露天煤矿。

图 1-6 小龙潭矿务局引进的轮斗挖掘机

(四)新世纪以来的露天开采(2000 年以来)

进入 21 世纪以来, 我国露天采煤事业在新建规模、实际产量、开采工艺、安全生产、科技水平等方面取得了突破性成绩。在这一时期新建了神华哈尔乌素露天煤矿、平朔安家岭露天煤矿、平朔东露天煤矿等一大批千万吨级露天煤矿, 其中神华哈尔乌素露天煤矿和平朔东露天煤矿设计生产能力均为 20Mt/a; 天池能源南露天煤矿核定后生产能力已达 30Mt/a(图 1-7); 扩建了平朔安太堡露天煤矿、黑岱沟露天煤矿、神华宝日希勒露天煤矿(图 1-8)、

图 1-7 核定生产能力达 30Mt/a 的天池能源南露天煤矿

图 1-8　生产能力达 35Mt/a 的神华宝日希勒露天煤矿

华能伊敏露天煤矿等一大批千万吨级露天煤矿，形成了数座生产能力达
30Mt/a 以上的露天煤矿。

这期间，为了解决矿山布局不合理、经营粗放、浪费资源、破坏环境、
安全生产事故频发等问题，我国矿产资源开始了大规模的整合开发。以整合
资源的优化开发为目标，部分整合的矿产资源开展了井工转露天开采的研
究，实践结果证明，资源整合取得了"1+1＞2"的效果。例如，资源整合
开发的山西煤炭进出口集团河曲旧县露天煤业有限公司露天矿实际生产能
力达 80Mt/a，见图 1-9。

图 1-9　资源整合开发的河曲旧县露天煤业有限公司露天矿

在这一阶段，我国还引进了拉斗铲无运输倒堆工艺(图 1-10)、自移式
破碎机半连续工艺(图 1-11)等新的露天开采工艺，进一步丰富了我国的露
天开采工艺与技术体系。

图 1-10 黑岱沟露天煤矿引进的拉斗铲无运输倒堆工艺

图 1-11 华能伊敏露天矿引进的自移式破碎机半连续工艺

第二节 我国露天煤矿主要危害

在满足国家对矿产、能源的需求，支持国民经济快速发展的同时，大规模的露天开采也显著改变了矿区的地形、地貌、地质和生态环境，一定程度上危害到矿区的生态环境安全和可持续发展能力。

一、露天开采的地质危害

露天开采后，原有的煤层被采出利用，上覆土岩层层序被打乱，地形地貌也发生了显著改变，形成高大的边坡和大量的地质灾害隐患。

(一)露天矿采场边坡

新中国成立以来，我国开发的大型露天煤矿均为深凹露天矿，具有边坡高度大、稳定性差、失稳对矿山生产的影响大等特点。

1. 露天矿采场边坡特征

(1)边坡高度大(可达数百米)、走向长度大(可达上千米)。例如，平朔东露天煤矿(图 1-12)、黑岱沟露天煤矿等的采场边坡高度均达 200m 以上。

图 1-12　平朔东露天煤矿采场边坡

(2)露天煤矿边坡岩石主要是沉积岩，岩石层理明显、软弱夹层较多、岩体强度较低，边坡破坏的形式主要是滑坡。

(3)边坡受爆破震动和运输设备产生的动载荷等矿山开发施工作业的影响显著，边坡岩体破碎，且一般不加维护，因此易受风化作用的影响。

(4)采场最终边坡由上至下逐步形成，上部和下部服务年限不同，且差别较大，因此边坡不同地段要求达到的稳定程度不同。

(5)边坡对地质条件没有选择的余地，不能因地质条件不良而改址。

2. 采场边坡失稳危害

(1)破坏露天矿正常生产，造成生产中断甚至停止。图 1-13 所示为义马北露天煤矿采场边坡滑坡，造成大量的采剥工作面无法正常生产。

图 1-13　义马北露天煤矿采场边坡滑坡

(2)破坏设备及正常生产设施，甚至造成人员伤亡。

(3)破坏露天坑的防洪及排涝系统，造成生产秩序混乱。

(4)影响矿山和周边地区的供电、供水、排水、生产与生活系统，危害矿山周围的环境与生态系统。

(二)露天矿排土场边坡

露天矿建设初期，大量剥离物需要外排，从而形成高达数十米甚至上百米的外排土场；如果外排土场与露天矿采场的距离较小，还会形成复合边坡(有外排土场与采场复合、外排土场与内排土场复合等形式)。

1. 露天矿排土场边坡特征

(1)边坡高度大(可达上百米)、滑坡危害大。

(2)排土场由松散体构成，大气降水等外来水源易渗入，排土场物料易受水、风等侵蚀。

(3)当排土场自然基底不平时，原始基底中的弱层和地表植被易形成边坡滑动的弱面，产生顺基底的滑坡。

(4)台阶坡面角大，易产生水土流失，生态修复难度大。

如图 1-14 所示，外排土场不仅显著改变了原始地形、地貌，而且会改变区域生态系统和土地利用方向。

图 1-14　露天矿外排土场

2. 排土场边坡失稳危害

（1）排土场滑坡。因松散固体大规模错动、滑移对环境造成的破坏性危害。如图 1-15 所示，排土场滑坡还会直接或间接地影响露天矿生产安全和连续性。

（2）排土场泥石流。液固相流体流动对环境形成的破坏性危害。

（3）排土场环境污染。气体或液体携带有害粉尘或泥沙对环境造成污染危害。

图 1-15　胜利东二露天煤矿南帮排土场-采场复合边坡滑坡

（三）露天矿边坡防护理论与技术

1. 时效边坡理论

大型露天煤矿生产是一个在实体上构造空间、在空间上构造实体的过程，相应的高陡边坡形成、几何参数、服务状态等是一个动态变化过程。在露天矿生产过程中，采场边坡从开挖暴露到被掩埋是一个动态过程，内排土场的推进是对端帮边坡的永久性加固，可以通过调整采矿参数控制边坡暴露面积和暴露时间，因此露天矿端帮边坡具有时效性。

时效边坡理论考虑了采剥工程和边坡动态耦合关系，采用若干采矿措施，实现露天煤矿边坡动态分析与设计，从而在保证边坡安全的前提下实现回收资源、少占土地的目标。时效边坡理论完成了以下创新：

（1）在工作中存在明显弱面和出现局部滑坡迹象时，为了安全回收煤炭，建立了非对称地应力组合拱墙卸载模型（图 1-16），为确定合理开采参数和最佳回填时间提供了理论依据。

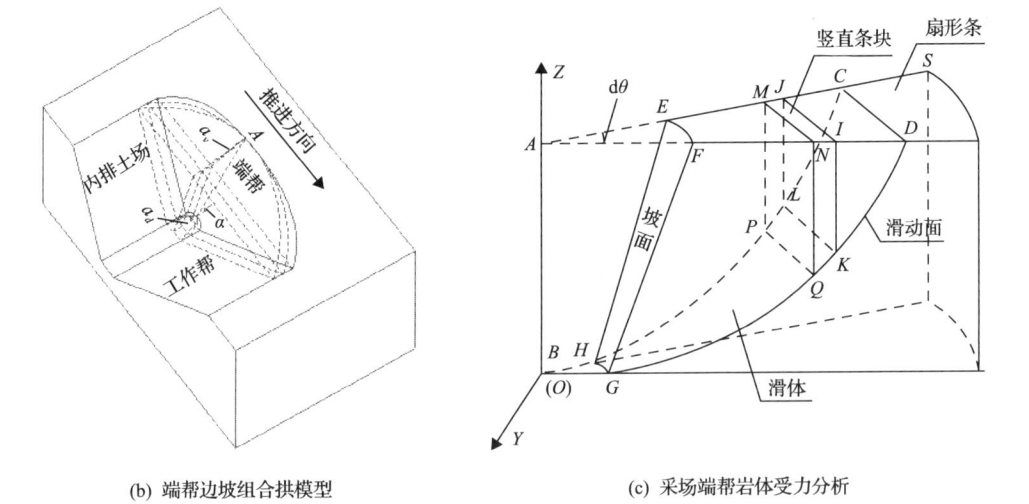

(a) 采场端帮边坡暴露规律

(b) 端帮边坡组合拱模型

(c) 采场端帮岩体受力分析

图 1-16　非对称地应力组合拱墙卸载模型

（2）建立了露天采矿与高陡边坡的耦合关系及高陡边坡时效性分析的地质、采矿和力学模型。

（3）系统分析了松散不规则物料重构介质时效物理力学特性，揭示了松散不规则物料重构边坡稳定性与开采-排土堆载的耦合机理。

（4）揭示了时效高陡边坡变形、破坏与失稳的演化过程和滑坡机理，建立了大型露天煤矿高陡时效边坡稳定性分析理论和设计方法。

2. 采场边坡防护措施

针对露天矿采场边坡的特点和可能诱发的危害，露天矿一般采用如下边坡防护和治理措施：

（1）采取遮挡、拦截、支护、削坡等措施加固。

（2）严格控制台阶坡面角度、台阶高度、最终边坡角度，保证足够的平盘宽度。

（3）建立和健全安全生产责任制，在危险区域设置监测和警戒标志。

（4）采用预裂爆破等手段形成最终边坡，降低边坡表面破碎度和防止风化。

（5）根据气候特点做好排水工程，截引地表水流等。

3. 排土场边坡防护措施

（1）根据资源赋存条件，优化开采工艺、开采程序和开采参数，实现剥离物最大限度的内排。如图 1-17 所示，剥离物内排既可以避免形成高大的排土场边坡，又可以实现对矿坑的回填，缩短采场边坡的暴露时间，降低失稳风险。

图 1-17　黑岱沟露天煤矿内排土场

(2)对流入排土场的地表水进行拦截，不使其灌入排土场内。

(3)排弃岩石性质不良时，根据剥离岩石种类进行适当混排。

(4)对倾斜或缓倾斜基底，采用开挖沟槽破坏弱层连续性、表面毛糙化等手段进行处理。

(5)排土场建在比较重要的设施附近时，采取防滑措施提高排土场稳定性。

4. 边坡监测

为了及时掌握边坡动态、保证矿山安全生产，现阶段普遍对重要边坡进行实时监测，露天矿边坡监测的主要形式与内容见表1-7。根据矿山的边坡岩性、结构、变形特征，我国煤炭开发企业不仅应用了多种形式的边坡监测系统，还自主研发了一系列边坡监测系统，如宝日希勒露天煤矿研发与应用的边坡位移远程自动监测系统(图1-18)。

表 1-7　露天矿边坡监测的主要形式与内容

序号	监测项目	监测内容
1	裂缝监测	地表裂缝监测、建筑物柱无裂缝监测
2	位移监测	地表位移监测、地下位移监测
3	滑动面监测	滑动面位置测定
4	地表水监测	自然沟水监测，河、湖、水库水位监测，湿地观测
5	地下水监测	钻孔、水井的观测，泉水监测，孔隙水压力监测
6	降水量监测	降雨量、降雪量监测
7	应力监测	滑带应力监测、建筑物受力监测
8	宏观变形迹象监测	排土场的宏观变形表现

图 1-18　宝日希勒露天煤矿研发与应用的边坡位移远程自动监测系统

二、露天开采的生态影响

我国现有大型露天煤矿多处于干旱半干旱地区，原始生态系统多为草原或荒漠，原始生态系统脆弱，在露天煤矿的长期高强度开发下景观的生态整体性和生物多样性遭到破坏，土壤污染、植被退化、水土流失、景观格局破碎、景观功能缺损、生态环境恶化及审美价值降低等问题突出。

(一)地形改变

露天开采形成的采掘区深坑和外排土场高台强烈改变了矿区的地形地貌，即使进行植被恢复，不良影响也难以消除，其主要表现为地形变化尺度加大和人工痕迹明显。

(二)景观破坏

对于原始生态条件较好的地区，露天矿的开采会导致景观类型、斑块和格局的多样性均有降低甚至丧失。以蒙东(东北)基地为例，矿区一般包含水域景观、草原景观、湿地景观、人工景观和沙地景观五种一级景观类型，其中草原景观包括退化草原景观、人工草地景观、草甸草原景观和低山丘陵羊草草原景观四个二级景观类型。露天矿开采后，草原景观转化为人工景观，即排土场和采掘坑，原来的二级景观类型完全丧失，呈现出高度的单一性(图 1-19)。

图 1-19　露天开采对区域地形和景观的影响

对于原始生态系统和景观较为单一的地区，长期资源开发导致了矿区基质日益破碎、斑块数逐渐增多，景观斑块日益分散。露天开发前，矿区的景观较为单一，且与周边景观协调统一；露天开采后会形成露天采坑、内排土场、外排土场、矿业建设用地、城镇建设用地、工业仓储用地、人工绿地、待建建设用地、生态退化地、铁路和道路用地、人工生态修复景观等。

(三)地表植被破坏

为了开发赋存于地下的矿产资源，需要剥离上部的土岩，自然也会导致开采区内植被和生态系统的灭失并对周边生态系统造成显著影响，如图1-20所示。

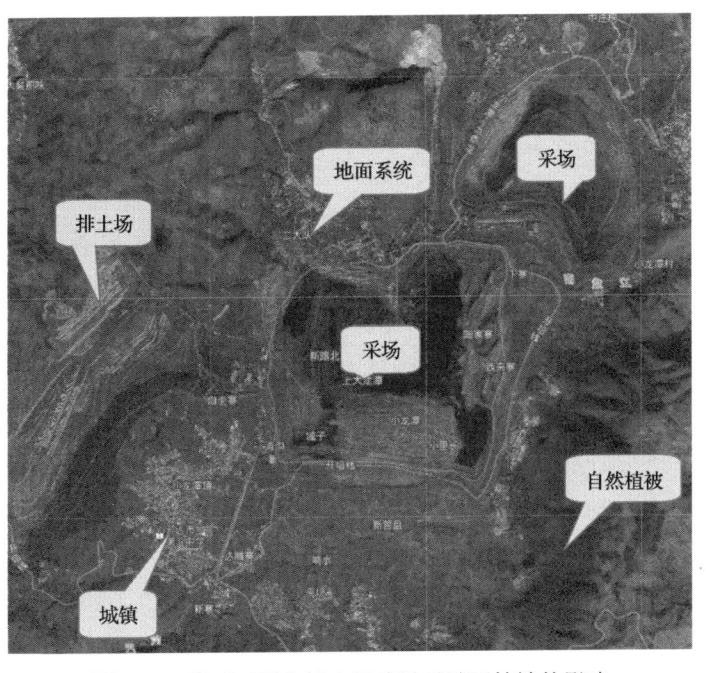

图1-20　露天开采和排土场建设对矿区植被的影响

(1)从空间要素上来看，最直观的影响边界是露天开采的采坑边界，在这一边界内，植被、土壤系统完全被清除，生态功能完全丧失。

(2)围绕露天开采区，与煤炭开采直接相关的排土场及煤矿配套基础建设设施，称为矿区。在这一边界内，土壤理化性质、植物群落特征存在空间差异，并可能表现为一定的空间分布规律。

(3)包含配套电厂的煤电基地规划区和生活区，这一区域的人类活动，如城镇化、矿产开发、工业活动、农业生产等都会因为破坏植被、直接或间接减少植被生态用水、破坏土壤结构和理化性质、增大水土流失风险、改变局部温度场分布等而造成植被的退化与逆向演替。

三、露天开采的环境影响

(一)地下水流失

地下水的排泄方式主要为蒸发、向河流水平排泄、以泉的形式排泄和人工开采(矿坑排水)。疏干和排水是矿区地下水排泄增量的主要原因。一方面，露天矿开采导致局部地下水位下降，蒸发排泄量减小；另一方面，露天矿疏干排水袭夺了地下水向河流等方向的排泄量。

(二)水土流失与土壤污染

露天矿区土地受损的基础问题是正常水文功能丧失和土壤侵蚀加剧等。

1. 正常水文功能丧失

(1)由于矿区地形地貌的巨大改变，短时间内正常的水文功能严重受损，排土场边坡陡峭，加速地表径流的形成，减少水分的入渗。

(2)由于缺乏覆盖，裸露的地表容易遭受雨滴溅击和阳光曝晒，土壤孔隙遭到破坏，进而影响降水入渗、水分传导和侵蚀潜力。

(3)表土经过搬运，土壤生物结构丧失，也影响了降水的入渗。

(4)重型车辆的碾压使土壤压实也影响水分入渗，同时覆土前的压实可能使得土壤中的水分难以排除，引发土壤的盐碱化。

这些因素使得矿区生态修复初期降水入渗不足，植物难以获得充足的水分，系统自动修复机制难以触发。

2. 土壤侵蚀加剧

土壤侵蚀是土壤退化的最常见表现形式，它最终导致土壤理化性质和生物特性发生不可逆转的退化。由于地形改造、表土松散、植被损失和季节性大风，我国北方露天矿区土壤侵蚀情况严重。水力侵蚀主要发生在排土场边坡，尤其发生在初次植被建构之前，这对覆土初期的松散土壤表面影响最为明显。

3. 土壤养分降低

由于土壤侵蚀、水的淋滤、采运排过程损失等原因，土壤中的氮、磷、钾等无机肥含量、有机质含量、菌群数量与活性等都会显著降低。

4. 土壤重金属污染

土壤重金属污染是指人类活动将重金属带入土壤中，致使土壤中重金属的含量明显高于背景含量，并可能造成现存的或潜在的土壤质量退化、生态与环境恶化的现象。露天开采过程中，部分重金属元素由地下深部转至地表，改变了它们迁移的地球化学条件，在地表重新分异，形成了局部地区的严重污染。但是露天煤矿开采物料以沉积岩为主，煤层及所采岩石的重金属含量本身并不高，所以一般情况下不会造成地表土壤的重金属含量超标。例如，对胜利西一号露天煤矿排土场及周边区域的重金属监测结果表明，虽然深部物料被运至地表堆存会造成土壤的重金属含量升高，但仍能满足《土壤环境质量标准》(GB 15618—1995)的一般要求。

(三)大气污染

在露天矿的穿孔、爆破、二次破碎、铲装、汽车运输与卸载、破碎、平整工作面和排土场排弃等生产过程中都会产生大量的粉尘，具有产尘点多、产尘量大、空气含尘浓度高等特点，因此治理难度非常大。图 1-21 所示为某露天矿冬季粉尘污染情况，受生产作业扬尘、洒水降尘难度大、逆稳层控制等多方面因素影响，粉尘污染严重地影响上午的生产作业。

图 1-21　露天矿粉尘污染

根据现场调研结果，露天矿尘源主要来源于如下三个方面。

(1)爆破作业产尘。爆破作业时，矿岩由于受到药包爆破的巨大压力作用而粉碎，随后形成粉尘。爆破瞬间产生的粉尘量最大，但形成的高浓度粉尘在空气中的维持时间短。

(2)铲装作业产尘。挖掘机铲斗在向汽车卸料时会由于落差产生大量粉尘，同时清扫爆堆时也会产生粉尘。

(3)运输作业产尘。汽车运输时，运输路面沉积的粉尘受到车辆经过所产生的挤压、振动和气流的影响，产生无规则运动，形成二次扬尘。带式输送机运输时，因物料下落、运输振动、快速运动、大风产生扬尘。

露天矿防尘的传统方法是洒水降尘，通常称为湿式除尘法。洒水防尘的原理是湿润颗粒细小的干燥粉尘，增加粉尘湿度，从而使其相对密度增加，并黏结成较大的颗粒，使之在外力的作用下不能飞扬。但是长期的现场实践证明，单纯依靠洒水法控制露天矿汽车运输道路粉尘并非高效节约的防尘方法。

第三节　我国废弃露天矿情况

截至 2018 年，我国面临闭坑的露天煤矿超过 30 座，大多集中在新疆、陕西、云南地区，主要为生产规模较小的露天矿。另外，我国改革开放以前开发的大型露天煤矿已逐渐进入资源枯竭和闭坑阶段，改革开放后开发的部分露天矿，如平朔安太堡等，在经过数十年的高强度开发后也逐渐进入了产能萎缩阶段。下面以目前资源枯竭的平庄西露天煤矿、抚顺西露天煤矿、阜新海州露天煤矿、扎赉诺尔灵泉露天煤矿、义马北露天煤矿、新疆三道岭露天煤矿等 6 座新中国成立以后曾大规模开发的露天煤矿为例简述我国废弃露天矿的基本情况。

一、平庄西露天煤矿

平庄西露天煤矿位于赤峰市东南 50km，坐落于平庄镇境内、哈尔脑山下，是内蒙古平庄煤业(集团)有限责任公司八大矿之一。平庄西露天煤矿基本建设从 1958 年 8 月开始，设计服务至 2020 年 10 月，最终采场走向长 3.8km，面积 3.4458km^2，采场现状见图 1-22。

图 1-22　平庄西露天煤矿[1]

---

[1] 内蒙古平庄西露天矿随拍-中关村在线摄影论坛.(2014-06-29)[2020-05-21]. http://bbs.zol.com.cn/dcbbs/d232_152784.html.

二、抚顺西露天煤矿

露天矿采场位于抚顺煤田西部，其露天开采始于 1901 年，是一个具有百年历史的大型露天煤矿。抚顺西露天煤矿采场总面积达 10.86km²，平均开采深度约 400m，形成了容积约 18 亿 m³ 的大坑，见图 1-23。随着深部资源的枯竭和上部开采到界，现已进入闭坑阶段。

图 1-23 抚顺西露天煤矿[①]

三、阜新海州露天煤矿

阜新煤田面积达 2000km²，有"百里煤海"之称，最早开发于 1897 年，至今已有百年历史。阜新海州露天煤矿于 1953 年 7 月 1 日建成投产，是全国第一个现代化、机械化、电气化的大型露天煤矿，也是当时亚洲最大的露天煤矿。建成投产以来，海州露天煤矿累计采出煤炭 2.44 亿 t。2005 年 7 月，该矿因煤炭资源枯竭而闭坑破产，留下了一个长 4km、宽 2km、垂深 350m 的长方体人工废弃矿坑，见图 1-24。

海州露天矿国家矿山公园总占地面积 28km²，于 2007 年开工建设，分为世界工业遗产核心区、蒸汽机车博物馆和观光线、国际矿山旅游特区和国家矿山体育公园四大板块，共计上百个景点，是在露天采矿遗址上建设的世界工业遗产旅游项目。面积达 20 万 m² 的矿山主题公园于 2009 年正式对外

①【晴朗摄影】——抚顺西露天矿矿坑(摄影)-晴朗的日志-网易博客.(2013-11-10)[2020-05-20].http://blog.163.com/baofeng_1967/blog/static/49845384201310109193786/.

开放(图 1-25)，包括正门、矿山文化广场、博物馆、纪念碑和观景台 5 部分。

图 1-24　阜新海州露天煤矿[①]

图 1-25　海州露天矿国家矿山公园

四、扎赉诺尔灵泉露天煤矿

扎赉诺尔灵泉露天煤矿距满洲里市区 20km，始建于 1960 年 6 月，1966 年 5 月正式投产。扎赉诺尔灵泉露天煤矿设计生产能力 60 万 t/a，采用单斗电铲采装、准轨蒸汽机车牵引自翻车运输，工作面台阶平均高度 10m。到 20 世纪 90 年代末期，由于采坑深度逐年加大(已达 114m)，剥采比加大，采煤成本居高不下。根据煤层赋存情况，已改制为公司的扎赉诺尔矿务局决定缩界开采，部分采用汽车运输方式，并于 2005 年改造完成，蒸汽机车逐渐退出历史舞台，工艺改造后的灵泉露天矿见图 1-26。2016 年末，开采了整整 50 年的扎赉诺尔灵泉露天煤矿完成了它的历史使命，全面闭坑。

扎赉诺尔国家矿山公园(图 1-27)作为中国首批建设的 28 个国家矿山公园之一，在历时 2 年多的施工后建成，于 2008 年 8 月 30 日开始正式接待游客。

① 王宇晨.阜新海州露天矿国家矿山公园_百度百科.(2017-09-25)[2020-05-20].https://baike.baidu.com/item/阜新海州露天矿国家矿山公园/10993694.

图 1-26 扎赉诺尔灵泉露天煤矿[①]

图 1-27 扎赉诺尔国家矿山公园[①]

五、义马北露天煤矿

义马北露天煤矿位于河南省义马市境内,西南距陇海线义马火车站2km,西北距义马市政府驻地 3.5km。义马北露天煤矿于 1959 年筹建,1967年正式投产,成为中原地区唯一的大型机械化露天煤矿。2004 年之后,该矿因资源濒临枯竭处于半停产状态,并于 2010 年正式闭坑。义马北露天煤

[①] 扎赉诺尔露天煤矿(之一)_深圳张源_新浪博客.(2010-11-23)[2020-05-20]. http://blog.sina.com.cn/s/blog_597a64770100m076.html.

矿南部紧靠陇海铁路,其边坡稳定对于国家铁路安全运行产生了一定的影响,因此露天矿闭坑后的治理和利用成为重大课题,闭坑后的义马北露天煤矿见图1-28。

图1-28 义马北露天煤矿

六、新疆三道岭露天煤矿

新疆三道岭露天煤矿位于新疆东部哈密地区,1962年开始建设,经过数十年的高强度开采形成了巨大的露天矿坑,图1-29为生产中的三道岭露天煤矿。随着三道岭露天煤矿的破产和整改,巨大的矿坑也面临闭坑和利用的问题。

图1-29 生产中的三道岭露天煤矿[①]

经过几十年的开采,我国诸多露天煤矿开始或在不远的未来将面对闭坑问题,大量的废弃矿坑及周边资源等待开发利用。目前,资源枯竭型城市普遍呈现"因矿建厂、因厂建镇、连镇成市"的城市发展模式,这种因资源而

---

① 新疆三道岭露天煤矿-美篇.(2018-01-10)[2020-05-20]. https://www.meipian.cn/11aahh5c.

集中的空间地域结构，导致了城市人口、产业布局松散，城市空间结构表现出明显的分散性特征。城市基础设施、公共服务设施等由于分散的布局难以形成规模，成为城市转型的阻碍，很多生产性设施、矿井、巷道空间、办公空间及工人村开始衰落甚至废弃。那些因为矿业而生的工人村受到传统产业衰退的影响，大部分处于停滞状态。由于主导产业的衰退、产业经济结构单一、投资建设项目缺乏等，整个区域经济发展仍处在以传统农业发展为主的模式。随之而来的是矿区人口不断流失、矿工失业、老龄化问题严重、基础设施老化等问题。

由于我国成功的废弃露天矿利用和开发案例较少，而且由于地理位置、矿坑形状等诸多问题，矿坑的再利用方式可复制性较差，因此亟须针对性研究总结废弃露天矿的特点和开发利用模式。

第二章

废弃露天矿再利用与城市转型
国内外经验

第一节 国内废弃露天矿再利用模式

我国作为矿业资源大国，在全国范围内分布着数以万计因采矿活动而形成的矿区。同时，为了采矿业的持续发展，还在新建、改扩建各类矿区，这些矿区不仅在国家能源储备事业上做出了显著的贡献，也使矿区及周围的经济和社会等得到多维度的发展，形成以矿山为中心的经济文化社区。然而在获得矿藏资源及经济发展的同时，破坏和占用大量土地资源的事件屡见不鲜。露天矿石的开采利用都不可避免地造成土地资源的浪费和破坏，使土地保护形势日趋严峻。

国内对煤矿废弃地环境改造的研究起步相对较晚，发展较快。起初以生态恢复为主，聚焦于生态修复领域与范畴，属于当今生态学的范畴。自 20 世纪 80 年代以来，对煤矿废弃地景观的研究实践在国内大量开展起来，将煤矿区自然环境和人文环境相结合，进行生态恢复和重建，实现了可持续景观设计目标。对于破坏严重的煤矿区环境修复而言，研究多在于植被自然恢复、开石山的绿化改善、采煤塌陷地生态环境的修复和重建等方面。对于煤矿景观重塑而言，研究多在于采煤塌陷区规划的景观改善策略、地表沉陷区及废弃地对植被景观的影响及恢复、采矿区景观生态再造与治理研究等方面。结合当前国内对废弃矿区再利用这一方向的研究进展，对国内矿区修复再利用与城市转型的案例进行分析与借鉴。

废弃露天矿再利用是指对工程措施、生物措施等废弃露天矿坑的土地、剩余资源、矿井文化等要素进行整合，使废弃矿进入到一个可以利用的状态。国内对于废弃矿再利用的成功经验主要分为以下几种类型。

一、生态恢复型

生态修复是指通过人为的干预和建设使受损的生态系统恢复的过程。矿井的生态修复不仅要保证生态系统的恢复，也要强调服务和整体功能的提高。如果不对废弃的矿井进行修复，那么其遗留的污染等一系列问题就会演变成更严重的问题。从长远的角度来说，当一片废弃矿井经过治理后具有自我修复的功能时，它就具有了生态效益，土地可以发挥出调节、栖息地、生产、信息四方面的功能。在国内，几大成功的废弃露天煤矿再利用案例都是通过生态恢复来杜绝地质灾害，提高土壤质量。

二、旅游娱乐型

废弃的矿坑的空间体积规模普遍较大，对于普通民众来说，矿坑是一个陌生的环境，极具吸引力。利用矿井的独特土地资源和自然景观，将矿井改造成一个包括绿化、水域、原有建筑和人类活动的景观，让游客在休闲娱乐的过程中感受矿井的独特文化，了解煤矿历史的厚重气息。这种再利用的改造模式是根据矿井条件结合设计者思路进行独特的利用。这种"天人合一"的思想已经成了很多设计师追求的方向。

三、农业复垦型

农业复垦型是指经过治理后具有农作物种植、畜牧业、捕捞等获取动植物初级产品的功能。从已有案例获得的经验来说，农业复垦型具体产业为种植农作物，畜牧养殖和水产养殖[1]。在露天矿规模不大时，可以考虑使用这种方式进行治理，但是如果矿坑的范围较大，回填需要的土方体积较大，此时该方法的使用受限因素较多。矿井周围通常有一些村庄，保证了复垦后耕地的利用率，甚至有一些矿井直接实现了再利用，并且依托当地扶持发展成了农业集群产业区，打造出了一片多样化发展及因地制宜的特色农业。

第二节 国内废弃露天矿再利用案例

废弃露天矿的资源开发再利用对城市的发展、社会的进步、居民的就业、经济的提升方面具有重要的意义。随着去产能的推进，越来越多资源枯竭的露天矿将被关闭，那么，如何实现废弃露天矿的再利用及资源枯竭型城市的转型，成为现阶段我国具有重要意义的研究问题。其中，阜新市、扎赉诺尔区、朔州市是我国实现废弃露天矿坑再利用和城市转型的较成功案例。

一、阜新市

辽宁省阜新市是一座"百年煤电"城市，主要有两大矿区：新邱矿区和海州矿区(图2-1)。随着阜新地区煤炭资源渐渐萎缩，煤炭产业逐渐退出阜新经济增长点，原来的大型露天煤矿成为废弃地，并带来很多生态问题和社会问题,如何治理废弃露天矿,实现废弃露天矿的再利用,促使资源型城市转型,成为当时阜新市要面临的重要问题。在过去的 20 年,阜新市对于废弃矿坑的再利用和产业转型做出了一定的成绩,主要体现在接续替代产业初具规模,产业结构逐渐优化,发展硬环境不断改善等。因此,对阜新市废弃矿再利用和城市转型的成功方面进行研究和探索,有利于国内其他资源型城市实现转型和发展。

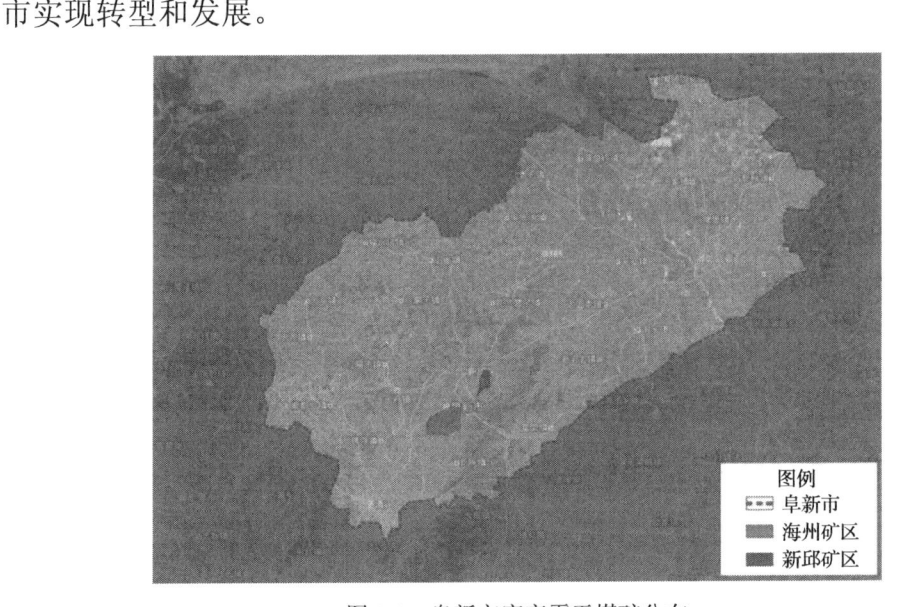

图 2-1 阜新市废弃露天煤矿分布

阜新市的海州矿区是我国第一个闭坑的大型露天煤矿(图 2-2),通过生态修复,建成了 4 处生态广场,总面积超 13 万 m^2,并且种植各类树木达 4.5 万株。矿坑内以杂石居多,黄土稀少,以种植小草起始,渐渐地种植树木,如适合干旱地区的沙棘、松树等,一步一步地让绿色蔓延废弃矿坑,使其重获生机。采用排水沟和排水巷道来排出坑内积水,减少水体内的有害物质对土壤的污染,改善了露天煤矿坑长期开采所导致的生态多样性降低的问题。

在生态修复的基础上,阜新市的海州露天煤矿利用露天开采留下的废弃矿坑、矿山等开采遗迹和开采设备等,将这里打造成一个工业遗产旅游示范区、以"世界工业遗产"为概念的主题公园——阜新海州露天矿国家矿山公园,实现了由露天矿向工业遗产主题公园的转变,在露天开采遗址上实现集观光旅游、科普教育、休闲娱乐、工况记忆于一体的世界工业遗产旅游项目,成为阜新的新地标。阜新海州露天矿国家矿山公园主要分为四个区域:第一

图 2-2　海州露天煤矿原状

区域为世界工业遗产核心区，主要包括矿山遗产主题公园、露天矿坑、86
站休闲广场。其中保留了大量的工业遗迹，并建造纪念碑、博物馆和矿山文
化广场，纪念过去的工矿文化。露天矿坑建设低于海平面的人工湖，实现现
代工业遗迹的再利用，还有 33 万 m^2 的奇石博物馆及旧工业遗产建筑的改造
与保护。第二区域为蒸汽机车观光线、博物馆，蒸汽机车博物馆共占地 8
万 m^2，向人们展示第一次工业革命的"活化石"。旅游观光线总长 15km，
设立 6 个站点，展示其不同时代的风貌并营造当时的社会氛围。第三区域为
孙家湾国际矿山旅游区。通过棚户区改造政策对其进行整体的拆迁，在生态
绿化的基础上，建设五星级酒店、美食街、商业街及商务购物场所。第四区
域为国家矿山体育公园。复垦 15km² 的煤矸石山，通过土地复垦、治理，曾
经寸草不生、黑尘漫漫的煤矸石山变成芳草满地、绿树成荫的大草原。该公
园成功吸引商资，建设高尔夫球场、占地 2000 亩(1 亩≈666.67m²)的森林
狩猎场、占地 1500 亩的国际马术俱乐部、占地 2000 亩的野战基地和赛车场
(在建)等[2]。海州露天矿国家矿山公园区域划分见表 2-1。

表 2-1　海州露天矿国家矿山公园区域划分

区域	包含景区	功能
第一区域	矿山遗产主题公园、露天矿坑、86 站休闲广场	纪念碑、博物馆和矿山文化广场
第二区域	蒸汽机车观光线、博物馆	旅游观光线总长 15km，设立 6 个站点
第三区域	孙家湾国际矿山旅游区	五星级酒店、美食街、商业街、商务购物场所
第四区域	国家矿山体育公园	高尔夫球场、森林狩猎场、国际马术俱乐部、野战基地和赛车场(在建)

阜新市海州露天矿作为我国第一个闭坑的大型露天煤矿，2005 年，国土资源部将其列入我国首批矿山地质环境综合治理项目，并作为第一批国家矿山公园开始建设，历时 4 年后于 2009 年正式开园（图 2-3）。工业遗址和城市发展的结合可以解决城市和采矿迹地之间的融合问题，证明工业遗址是可以持续发展的，并与城市建设不存在矛盾。遗址公园的建设是丰富城市功能的有益举措。

图 2-3　海州露天矿国家矿山公园

新邱区作为阜新市五城区之一，是阜新地区第一锹煤开采的地方。从 1897 年至今，阜新已有 120 多年的煤炭开采历史。1986 年，煤矿开采进入"残采期"。到 2001 年，三大国有煤矿破产转制，国有资本退出煤炭产业。作为阜新经济转型先导区，新邱区从此踏上转型发展之路。

伴随着百年煤矿开采的结束，百年煤炭开采给新邱区留下了 1 座长 5km、宽 3km、平均深 100m 的露天矿坑，还有 2 座高 40m、占地 700hm^2

的煤矸石山(图 2-4)。废弃露天矿坑及无序堆放的煤矸石不但占用了当地大量的农业、工业用地，而且当地生态环境也遭到严重的破坏，使当地的地表水、地下水、大气、土壤遭到严重污染。当地的路面扬尘严重影响着居民的身体健康；雨季时泥石流、滑坡随处可见，严重影响了居民的生命财产安全[3]。

图 2-4 阜新市新邱区废弃露天矿原状

阜新市新邱区根据当地现状，制定了《阜新市新邱区环境治理修复规划方案》，确立了生态与环境修复综合治理项目。阜新市新邱区在生态修复的基础上，对废弃矿坑进行综合开发利用，2018 年，阜新市政府以废弃露天矿为基底，以顶层设计为主要规划理念，根据矿坑蜿蜒曲折的地貌设计阜新露天矿赛道，充分利用工业固废资源，将煤矸石作为制砖的原料及赛道小镇的基石，帮助政府减少资金投入，成功打造中国赛道第一城(图 2-5)。阜新市新邱区百年国际赛道城举办的赛事见表 2-2。

图 2-5 阜新市新邱区露天矿改造后的百年国际赛道城

表 2-2　阜新百年国际赛道城赛事活动

时间	赛事
2018 年 11 月 9～11 日	2018 中科盛联杯阜新百年赛道小镇汽车场地越野挑战赛
2019 年 6 月 15～17 日	2019 辽宁·阜新中国汽车场地越野锦标赛揭幕站
2019 年 7 月 25～27 日	阜新百年赛道城矿坑摩托车越野挑战赛
2019 年 11 月 1～3 日	"中科盛联杯"中国汽车漂移锦标赛
2019 年 11 月 9～11 日	2019 百年国际赛道城城庆邀请赛
2019 年 11 月 23～24 日	中国汽车短道拉力锦标赛
2019 年 12 月 15～17 日	"红旗小镇杯"2019 辽宁·阜新中国汽车场地越野锦标赛-年终总决赛
2020 年 7 月 25～27 日	辽宁·阜新中国汽车场地越野锦标赛-揭幕站

　　通过对废弃矿坑科学的生态治理及因地制宜的再利用,根据其原有地貌特征,建造出深具特色的国际矿坑赛道,其独特的地形与环境为赛车手们营造出激情喷薄的比赛氛围,阜新市新邱区百年国际赛道城逐渐成为阜新市的新名片。赛道城建设及赛事开展所带来的人气,使得沉寂已久的废弃矿坑重新沸腾起来(图 2-6)。这种产业先行,政企合作的矿山环境治理修复新邱模

图 2-6　阜新百年国际赛道城赛事现场

式，是阜新市 20 年来产业转型的新探索，不仅提高了生态效益、经济效益和社会效益，也为资源枯竭型城市转型发展提供了样板。

二、扎赉诺尔区

位于内蒙古呼伦贝尔满洲里市的扎赉诺尔露天煤矿所在区域是典型的草原地貌，地形平坦，地质特征主要是砂土和软质岩类[4]（图 2-7、图 2-8）。该地区的生态恢复采取剥离和复垦同时进行的模式。首先，对矿区的土壤性质进行分析，土壤主要分为栗钙土、草甸土、沼泽土、盐碱土，并根据土壤类型将其分别归类到不同的植被类型，从而得出适合种植的植被种类，如克氏针茅、羊草、洽草、薹草、香蒲等。接着，对其区域的土壤进行分析，发现其土壤中的 pH 偏酸性，且较缺乏氮、磷、钾等元素，缺少草原生态恢复中最重要的有机质，表层土壤沙化问题突出，土壤持水性较弱。针对这些问题，研究人员开始通过对矿区表层土壤施加肥料，调整土壤肥料；利用石灰使表面土达到酸碱平衡，改善土壤结构，增加土壤含水量；大量种植绿肥，提高土壤的养分，提升复垦效果，增加植被存活率等方法，对矿区的土壤性质进行改造。在土壤肥力提升后，进行科学有效的植被播种（图 2-9、图 2-10），通过控制播种量、播种间距、种子质量等因素，来实现播种植被的高成活率。经过对不同治理恢复区域的分析采取因地制宜的措施，复垦地区已恢复到了理想的状态，以往的风走石飞、污水乱流的现象已不复存在，取而代之的是草-灌-乔混交的立体植被群落，绿植覆盖率超过 80%，远远超出其区域自然植被的覆盖水平（图 2-11），恢复了绿树成荫、鸟语花香的面貌，不仅降低了地质灾害，恢复土地利用价值，还产生了极大的社会效益和经济效益，使得因煤矿开采所破坏的草原资源得以再生和发展。

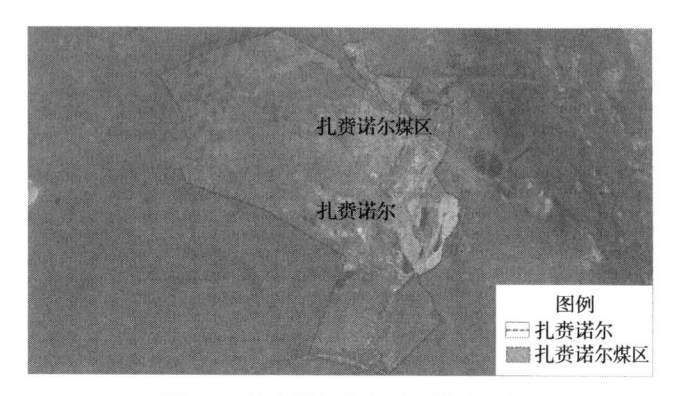

图 2-7　扎赉诺尔废弃露天煤矿分布

图 2-8 扎赉诺尔废弃露天矿原状

图 2-9 扎赉诺尔生态修复植被种植

图 2-10 扎赉诺尔生态修复过程

图 2-11　扎赉诺尔生态修复后

扎赉诺尔属于中国 14 个煤炭基地中的蒙东(东北)煤炭基地，也是内蒙古自治区规划的能源重化工基地。它不仅是中国煤炭工业的摇篮，也是中国近代工业史的开端之地。如何看待和开发这段厚重的工业史，让矿井和蒸汽机车重新焕发生机，是摆在扎赉诺尔面前的一个课题。因此，除了生态恢复外，深度体验游和煤炭工人再就业转型成为扎赉诺尔发展的重要思路[5]。政府和企业首先在五年内初步恢复矿区植被，植被初步恢复之后，通过种子库的导入，也依靠自然环境的演替不断维持。与此同时，以废弃矿区作为节点开发全域旅游，让废旧的蒸汽机车重新穿梭在小城的道路上，成为游客导览的交通工具；聘请经验丰富的优秀矿工回来，让他们为游客讲解煤矿开采的工序、讲述下井挖煤的故事；让游客变身矿工，换上工服带上装备，走一趟当年的煤炭之路。

扎赉诺尔将煤矿转型与文化旅游产业进行有机结合，因地制宜，充分尊重当地的历史和人文，实现资源枯竭型城市向山水园林城市的成功转变。

三、朔州市

朔州市的平朔露天煤矿位于黄土高原东部(图 2-12)，属于黄土丘陵的生态脆弱地带。其共有三个矿田，分别为安太堡矿、安家岭矿和东露天矿，平均年产量共 4500 万 t。随着煤矿的开采，该区域的土壤条件及生物多样性遭到严重破坏(图 2-13)，1991 年，排土场发生特大滑坡事件，使得通过土地复垦来改善水土环境及矿山安全得到重视。首先，对平朔矿区土地层次进行分析，得出排土场的基层应为"疏水性"基层，并且基层的沟壑部分应填充低钠高钙的大石块，通过清理表面松土来提升疏水和导水性能，并对其光滑基地做适当的粗糙处理，解决其排弃速度过大而导致的排土场失稳的现象。在对复垦土地的性状及元素进行分析的基础上，增加土壤肥力，并制定引水灌溉、加快碎砾风化的相应措施。接着，对当地的自然环境进行分析，进一步的筛选适宜的植被物种，并引进植被种植与管理技术，开展对于当地适宜植被的重建项目。此举改善了土壤质量，提高植被覆盖率，使废弃地重获新生(图2-14)。

通过生态修复，平朔废弃露天煤矿土壤达到充分的肥沃力，大片的矿区被再利用，建设成为集经济价值、土壤保护、农业发展于一体的药用植物为主的生态试验示范区，通过科学的管理与种植技术，实现了红豆草、沙棘、刺槐、甘草、枸杞等药材植被的种植。这些药材、林木等农业产物年收入近百万，成功实现了资源型产业向农林产业的转型。此外，还改善了因采矿生产过程所引发的功能失调、极度恶化的土壤环境，减轻了矿区的泥石流、风

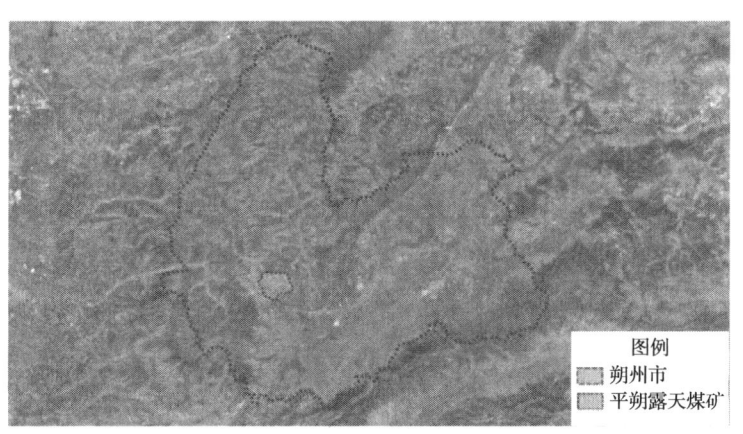

图2-12 平朔露天煤矿分布

图2-13 平朔废弃露天煤矿原状

图 2-14 平朔废弃露天煤矿现状

沙灾害，使土地重新具备生产功能，提升了农业产业的收入，解决了当地居民的就业问题，提高了社会的稳定性。通过几年的土地复垦治理，平朔废弃露天煤矿彻底改变了荒山秃岭、了无生迹的现象，建成如今的绿树成荫、鸟语花香的"绿洲"。

平朔露天煤矿大量的人造地貌经土地复垦和生态重建后，成为优质的农田、草地、林地，可集约经营为大型农场、牧场、林场，发展畜牧业。从景观生态学的视角出发，通过合理的景观规划和生态空间整治，能够完善矿业城市生态格局与空间格局，从而促进资源枯竭型城市的复兴，成功实现城市的完美转型。

由于对资源的依赖和产业结构的单一，资源型城市的产业布局、生态环境、社会经济之间矛盾愈加突出，废弃露天矿对于城市本身来说既是机遇又是挑战。正是因为矿区的衰败，有些城市走向了转型之路，并且拥有非资源消耗型的开发模式，在国内，已经有了很多成功的发展案例。在改造环境的同时也可以为周边住宅和公建区提供良好的环境，为矿区的居民提供再就业的机会，而工业文脉的文化渗透也可以推进周边商业、旅游业的发展，促进城市土地增值，间接地推动了经济的发展，提高了人们的生活水平。这些响应国家"城市双修"政策的有效践行，具有一定的借鉴意义。

资源枯竭型城市转型是一个世界性的难题，更是一个关系着该类城市能否摆脱经济、民生、生态等发展困境的重大问题。上述阜新市、扎赉诺尔、朔州市作为资源枯竭型城市转型的试点，其在转型过程中所面临的问题及进行的转型探索对我国其他资源枯竭型城市的转型具有重大的启示和借鉴意义。

第三节　国外废弃露天矿再利用案例

由于战略、能源、土地、生态环境和物质储备的需要，许多工业化国家在开发和利用地下空间资源时逐渐重视废矿的再利用。废弃矿山的改造利用、变废为宝、开发利用是实现地面空间资源三维扩张的有效途径。在 20 世纪，德国、芬兰、荷兰、俄罗斯、美国、瑞典、澳大利亚等国家已开始探索重新利用废弃矿井的方法。

一、美国对于废弃矿井的治理

(一)矿山废弃地生态恢复的管理

矿山等的开采会对煤矿附近的生态造成极大的破坏，同时也会引发其他社会矛盾。一些欧美发达国家很早就注意到这一问题，他们制定相关的法律法规，同时结合现代先进的技术，积极恢复废弃矿井附近的生态。20 世纪 30 年代末期，美国各州开始建立各自的矿井管理法规。历史遗留的问题由政府解决，采煤矿区的生态修复工作由采矿企业负责。具体相关项目有：新墨西哥州废弃露天矿井生态修复项目、加利福尼亚峡谷硬岩矿废弃地的修复项目、利维坦硫矿废弃地水治理工程、帕默顿锌矿植被的修复项目等。

(二)美国废弃露天矿再利用经验

矿产资源在经历数十年的开采后，产生了大量的废弃地。美国作为世界上最重要的矿产资源、生产、消费和贸易国之一，同样也就面临着废弃露天矿井如何合理利用的问题。早期，美国采取的方式是矿山土地的复垦，以此增加耕地面积的同时维持着生态环境。在考虑到生态环境的同时，综合各方面的利弊后，美国同样将废弃的矿井当作清理建筑垃圾等废料的填埋场，用于处理美国城市生活垃圾的掩埋场。

对于废弃矿坑再利用模式，美国对其进行系统性的研究不多，并未建立起一个完整的构架，但是依旧存在着成功的案例。在废弃露天矿坑的再利用模式方面，美国采用因地制宜的模式，与地面建筑、原矿坑资源及地理位置相互结合，充分利用露天矿坑及其周围的潜在资源优势，达到预想的开发模式。

总的来说,美国在废弃露天矿再利用领域主要有下列几个模式:

1. 废弃矿坑物资储存

利用废弃矿井用于物资储存在国外已经具有成功经验。将废弃矿井改造为储库后,可用于粮食、冷冻食品、保鲜食品及重要军用物资的储存。

美国密苏里州堪萨斯城把露天石灰石开采后遗留的废弃矿坑改造成食品和粮食地下储库,储库面积达数十万平方米。该储库所在的堪萨斯城处于美国中部,具有理想的物资储运区位条件。该储库仅冷冻食品的贮存能力就占美国总储量的1/10,是废弃矿坑地下储库型开发模式的成功案例。

2. 废弃矿井中的煤层气开发

废弃矿井中的煤层气作为一种特殊的能源,日益得到关注。一些欧美国家相继开展了关于废弃矿井煤层气的研究。其中,美国是世界上煤层气商业化最成功的、产量最高的国家。美国的煤层气资源分布在16个盆地,已经探明的存储量从1989年的1040亿m^3增长到2007年6191亿m^3。

美国现存废弃露天矿坑在区位上与上述盆地地区重合度较高,依托废弃露天矿坑周边已建成的交通、生活等设施,进一步拓展开发煤层气资源,成为美国煤层气开采界降低成本的有效手段之一。目前已经在圣胡安、黑勇士、北阿帕拉切亚、拉顿等多个盆地形成商业产能。煤层气的产量从1989年的26亿m^3提高到2005年的490亿m^3,平均每年递增近19%,煤层气产量在美国干气产量中的比例也从1989年的不到1%提高到近10%,并占天然气总产量的7.5%。

3. 废弃矿坑旅游

在美国,废弃矿坑用于旅游及其他产业开发已有多年成功的经验。

废弃的露天矿坑与周围城市社区相结合。将废弃矿坑改建成自然公园,这是一种可持续、环境友好的景观方案,能体现现代风景园林行业的主流价值导向与设计理念。例如,帕米萨诺公园就是在斯特恩采石场上建立起来的矿坑公园。将废弃露天矿坑用作兼具旅游、观赏、游憩功能的公园是最常见的模式。

露天矿坑旅游还可用于参观或者科普教育。美国科罗多州的大理石矿井,出产纹理细腻、色彩华丽的名贵大理石材,开采枯竭后,遗址洞穴被人以"大理石之旅"为招牌开发为旅游景区。

4. 废弃矿坑其他产业开发

除了上述利用方式，美国还利用废弃矿坑开发其他产业，如用于养殖和培训等。

废弃的露天矿坑与周围水资源相结合。例如，美国钢铁公司将明尼苏达州一 500ft(1ft≈30.48cm)深的废弃露天铁矿场用作大马哈鱼网箱养殖的试验基地。

废弃的露天矿坑与周围废弃的矿业小镇相结合。随着当地铜矿的关闭，普莱亚斯成了一个偏僻的矿业小镇。在"9·11"恐怖袭击发生后，被新墨西哥州矿业技术学院买下，打造为全国最大的反恐演习场。

5. 露天矿业废弃地生态修复

在美国，废弃的露天矿坑未必必须按照某种商业或者政府主导的模式进行开发，对废弃露天矿坑进行自然生态修复，以待日后利用也是美国对于露天矿坑的处理模式之一。

新墨西哥州的一座 1941 年基本停止开采的废弃矿露天煤矿经过环境修复和整理后，现在已经成为该州的森林公园。在加利福尼亚峡谷硬岩矿废弃地的生态修复工程中，通过使用有机和无机土壤改良剂、回收当地植被废料和岩石加固河岸、植被重建，以达到土壤改良，同时减少工程量和成本等目的，取得了较好的结果。在帕默顿露天锌矿植被的修复工程中，采用植被固体改良剂和喷播植物种子，实现不同地理环境的播种，植被覆盖情况得到了改善。在利维坦露天硫矿废弃地的环境修复工程中，该矿区的高污染的酸性水会进入附近的河道。为此修复项目组利用自然生态环境设计了一个大规模的生物反应器处理矿山酸性水，以此来改善此地区的水质。

美国的废弃矿山地修复主要有以下几种思路：一是将土壤污染物从该地区清除，或隔绝污染物与外界的联系；二是采用针对性较强的技术将水体中的重金属污染物和酸性污染物清除；三是植被修复方面，选择适当的土壤改良剂种类、植被及配比数量。

在上述思想指导下，美国已实施的露天矿环境修复项目均取得了良好的效果，使得露天矿废弃地周边地区的生态环境显著改善，为后续利用奠定了基础。

(三)露天矿业废弃地再利用实例

1. 斯特恩采石场

斯特恩采石场 1970 年之后被用作清理建筑垃圾的填埋场，焚烧炉灰及木头、砖块、石料等建筑废料被大量地运送到这里。日积月累，原来的深坑被逐渐填满，并达到封场要求。作为垃圾填埋场的矿坑，自然生态状况并未得到改善，严重影响着所在街区的环境质量。直到 1999 年，城市管理者认为应当为这一场地做一些有意义的事情，于是便从不同职能部门征集改造方案。最终，芝加哥公园区(Chicago Park District)组织所提交的将采石场改造成自然公园的计划在 2004 年正式得到了批准。2009 年，斯特恩矿坑公园正式建成，并在一年之后改名为帕米萨诺公园(Henry C. Palmisano Park，帕米萨诺先生是该地区的一位居民和户外运动活动家,他曾经支持建造了芝加哥市的多处垂钓项目)(图 2-15)。

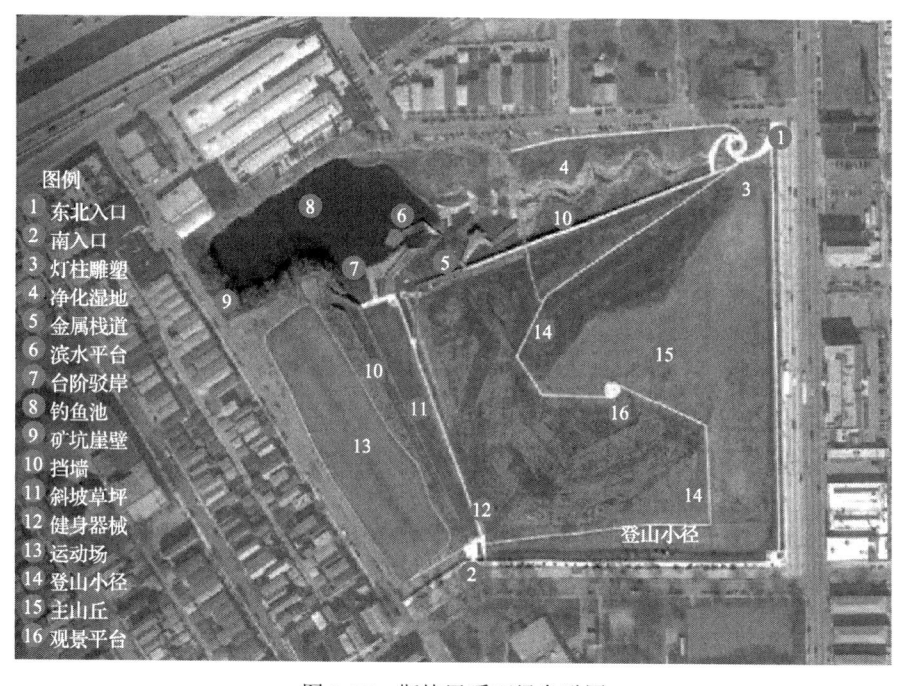

图 2-15　斯特恩采石场鸟瞰图

2. 蒙大拿州伯克利露天矿

美国蒙大拿州的伯克利露天矿，原本富含铜矿，人们抽水降低地下水位从而方便开采，在这里挖出了一个 1.8km 宽、2.1km 长的超级大洞，最深处有540m，可谓全世界最深的矿坑之一（图2-16）。矿产枯竭之后，矿坑废弃，抽水系统也不再运转，雨水与地下水开始在矿坑中上涨。这些水溶解了附近岩石土壤中的砷、镉、锌等有毒物质，大坑被强酸性的污水注满，里面几乎没有生命，只有极少数微生物还能生存，水面上时常还会升起毒雾。1995年，一群雪雁来此休息，有342只葬身池中。今天，水平面还在不断升高，如果不加以治理，污水将会在20年内扩散到整片地区。伯克利矿坑已成为地球上最致命的地方之一。

图2-16 伯克利露天矿全景

目前，伯克利露天矿已被美国联邦政府列为"超级基金"（Superfund）有害物处理场地。奇迹般的是，伯克利露天矿竟然是个旅游胜地，有礼品商店，门票为两美元。

3. Fraser 露天铁矿场

美国钢铁公司在明尼苏达州开采过的500ft深的Fraser露天铁矿场现在被用作大马哈鱼网箱养殖的实验基地。该铁矿在1978年关闭之前曾开采铁矿石3000多万t。据《德卢思消息论坛报》报道，该矿坑连同另外四个矿坑将由明尼苏达州东南部的一家养殖场开发，用来养殖大马哈鱼。在该养殖场工作的都是富有网箱养殖经验并熟悉其市场动态者。该养殖工程耗资1000万～1200万美元，到1992年达到养殖300万lb（1lb≈0.45kg）大马哈鱼的能力。

鱼卵将在明尼苏达州东南部的一个孵化场和另一个即将在铁矿附近建

立起的新的孵化场里孵化。鱼苗将放养在离矿面 40ft 深的网箱里。大马哈鱼幼鱼将在网箱内喂养 3 年，长到体重 10lb，捕捞后送到铁矿附近的工厂加工。

4. 普莱亚斯铜矿小镇

美国阿尔伯克基西南 700km 外的普莱亚斯是一座偏僻的矿业小镇。建于 20 世纪 70 年代的这个小镇因为附近的一座露天铜矿而兴起，在接下来的整个 80 年代繁华一时，最高峰的时候有居民 1500 人，259 幢大小建筑，公寓、社区中心、百货商店、医院、机场、银行、保龄球馆和学校一应俱全。1999 年，随着当地铜矿的关闭，普莱亚斯大多数的居民先后搬离了这个小镇，只留下不到 60 人坚守破败的家园。

"9·11"恐怖袭击发生后，新墨西哥州矿业技术学院相中了这个破败的小镇，出资 500 万美元购买下了整座小镇，并向留守的居民慷慨地表示：不愿意留下的，学院发给他们安家费；愿意留下的，可以被学院聘为新小镇的警察、保安、园艺师、维修工，但条件是必须搬离他们原来的家，集中住在小镇南端。

新墨西哥州矿业技术学院随后立即动手将小镇打造成全美最大的反恐怖训练场(图 2-17)。

图 2-17　矿业小镇转型为反恐怖训练场

二、澳大利亚露天矿坑整治

(一)澳大利亚露天开采基本情况

采矿业一直都是澳大利亚重要的第一产业，澳大利亚所有州和地区都有采矿活动。煤炭是澳大利亚主要的矿产品之一，不仅提供了澳大利亚约 85% 的电力，而且还有超过一半的煤炭用于出口。在创造巨大经济利益的同时，矿业开发也对澳大利亚一些地区的生态环境产生了重大影响。据澳大利亚矿业委员会估计，澳大利亚 0.02% 的地表直接受到采矿的影响。例如，本迪戈和巴拉瑞特附近的景观受到的影响今天仍然可以看到；昆士敦、塔斯马尼亚的山脉也因为伐木和冶炼厂的污染而完全裸露，至今依然如此。与中国类似，由于澳大利亚的矿山分布在不同的气候区，所以矿山生态修复经验很难从一个矿山推广到其他地区。

（二）新南威尔士州 Woodlawn 露天矿

在澳大利亚新南威尔士州的 Woodlawn，有一个 20 年前被废弃的锌铜露天矿（图 2-18），依靠大量环保创新技术的应用，如今改造成了一个生态主题公园。

图 2-18　废弃锌铜露天矿区[1]

1. 生物反应器垃圾填埋场

传统垃圾填埋场的沼气是一个"听天由命"的被动收集过程，产生多少就收集多少，而生物反应器垃圾填埋场是变被动为主动，通过控制渗滤液的回灌来保证填埋场的最佳湿度，为微生物降解和转化创造最优的条件，使得沼气的产生加速且加量。

借助矿区的地理优势，Woodlawn 矿区的生物反应器体量非常庞大，宽

---

[1] 北极星电力网. 点赞!废弃 20 年的锌铜露天矿区华丽变身生态主题公园.(2016-08-16)[2020-05-20]. http://www.sohu.com/a/110684393_131990.

达 800m、深达 150m，是世界上最壮观的生物反应器之一（图 2-19）。这个反应器表面看起来很庞大，其内部由大量的封闭单元格构成，这样既能够形成有效的渗滤液循环，又方便进行持续监控。目前该项目每年可以处理来自悉尼和周边地区的垃圾 110 万 t，年发电量可满足近 7000 户家庭的需求。

图 2-19　生物反应器局部

2. 分选堆肥修复矿区

从 2012 年开始，Woodlawn 矿区又投建了一个新的机械生物处理厂（图 2-20），将有机垃圾从混合垃圾中分离出来，从而减少送进填埋场的垃圾量。分离出来的有机垃圾转化为堆肥，用于原矿区的土地修复。

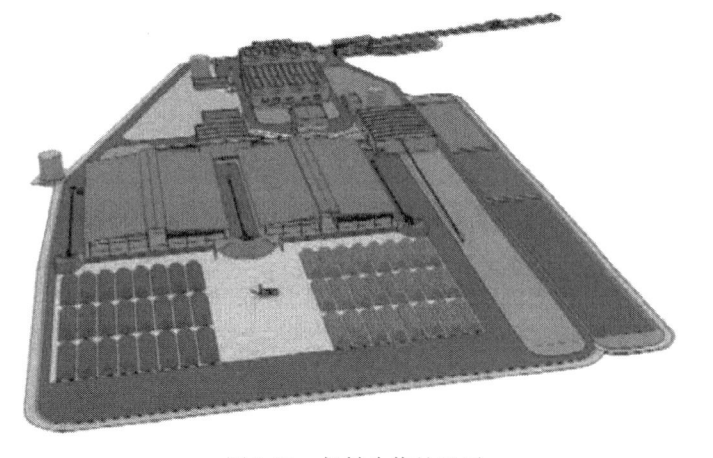

图 2-20　机械生物处理厂

3. 余热养鱼种番茄

以沼气发电的余热为基础，Woodlawn 矿区建立了一个水产基地用来养殖澳洲肺鱼。澳洲肺鱼是鲈鱼的热带近亲，生存要求的环境水温高达 28℃，利用沼气发电的余热加温水可以为当地市场 2500t 的澳洲肺鱼提供适宜的环境。目前项目组还在研究利用生物反应器剩余的二氧化碳和热量种植有机番茄的可行性(图 2-21)。

图 2-21　水产基地

4. 风力发电场

Woodlawn 矿区以常年风大而驰名，矿区建设的 3 个风力发电场常年运营(图 2-22)，装机容量达 50MW。加上生物反应器的沼气发电，Woodlawn 矿区风力发电项目每年的发电量达 3 亿 kW·h，可满足 37500 个家庭的用电需求。

图 2-22　Woodlawn 矿区的风力发电场

5. 基金回馈社区

Woodlawn 矿区在当地成立了一个信托公司，为临近社区基础设施建设提供资金。每从悉尼大区回收 1t 垃圾，该项目便通过信托公司向基金追加 1 美元。从 2005 年开始，已经有 800 万美元投入到体育场等当地社区的基础设施建设中（图 2-23）。

图 2-23 基金回馈社区建设的体育场

Woodlawn 矿区已经不再是一个简单意义上的生活垃圾处置中心，在这里可以看到高新技术与环保理念的融合、社区的和谐与可持续发展及内部项目的互相连通，成为废弃矿坑治理与综合利用的样板。

（三）昆士兰州基德斯顿（Kidston）露天矿

自从澳大利亚开始关闭燃煤电厂并实施可再生能源项目替代以来，人们对可再生能源调剂项目的兴趣就日益增长。2016 年 11 月，恩图拉（Entura）水电咨询公司和中国水电工程顾问集团合作完成了利用位于昆士兰州的基德斯顿露天矿废弃矿坑建设抽水蓄能电站的可行性研究。该项目利用现有的两个矿坑（图 2-24）作为上、下水库，上库和下库由 1 个地下输水井、1 条有压短隧洞和 1 条尾水隧洞连接，该建设方案可以最大限度地缩短施工时间和降低建设成本。

该项目由澳大利亚吉诺思电力有限公司建设，充分利用矿坑提供的巨大容量和潜在水头差（主要项目参数见表 2-3），可以在一个周期中支持 1500MW·h 的连续发电量（在 6h 内达到 250MW 的峰值功率）。

图 2-24 基德斯顿矿坑①

表 2-3 基德斯顿露天矿废弃矿坑抽水蓄能电站项目参数

序号	项目		单位	参数	备注
1	装机容量		MW	250	—
2	总发电量		MW·h	1500	—
3	连续发电时间		h	6	—
4	水轮机规格		MW	2×125	定速水轮机
5	上库	库容	Mm³	2.80	—
		最高水位	m	579.0	—
		最低水位	m	571.0	—
		水位变幅	m	8.0	—
6	下库	最高水位	m	376.6	—
		最低水位	m	349.0	—
		水位变幅	m	27.6	—
7	净水头	最大	m	230.0	—
		最小	m	194.4	—
		比值	—	1.23	—
8	机组启动到满发所需时间		S	30	—

(四)澳大利亚废弃露天矿利用总结

作为矿业大国，澳大利亚被称为"坐在矿车上的国家"。经过几十年的

---

① Eureka moment for Kidston pumped storage hydro project.PV Magazine,2020.

开采现已形成了上万座废弃矿山(包括矿井、露天矿坑、尾矿库等),但是得到全面修复和充分再利用的成功案例很少。主要原因在于矿山资源赋存条件不同导致不同废弃矿坑利用方式的复制性较低。

澳大利亚废弃露天矿开发利用模式除以上案例外,当前主要集中在生态修复方面。不仅仅是植被的恢复,也包含动物群与微生物的完整生态体系的恢复。生态修复的另一个问题是矿山酸性废水,或采矿作业中酸性、富含矿物质的径流问题。同时当前澳大利亚也有学者提出矿业公司应依法承担关闭后恢复矿山责任的想法。

总体而言,矿业大国澳大利亚在废弃矿山利用方面面临着与我国相似的处境,方法上和政策上都有待相关人员的进一步研究与实践。

三、德国露天矿的治理

德国有着巨大的褐煤储量,在探明的 1000 亿 t 存量中有 580 亿 t 根据目前的技术水平可采。褐煤在德国赋存地区比较少,主要分布于以下五个区域(图 2-25):

(1)北莱茵-威斯特法伦州的莱茵地区(350 亿 t);

(2)劳齐茨矿区(勃兰登堡州东南部和萨克森州东北部,130 亿 t);

(3)中部德国矿区(环莱比锡地区,90 亿 t);

(4)赫姆斯特矿区(下萨克森州 10 亿 t);

(5)黑森矿区(卡塞尔)。

劳齐茨矿区是德国露天矿区生态修复和开发模式的典型案例。劳齐茨一直在奉献它最好的资源——褐煤。到现在为止,它仍在竭尽全力阻止周围矿灯的熄灭。但经过 150 年的开采,它的资源濒临枯竭已是不争的事实。

劳齐茨矿区的褐煤一直是德国工业的重要原料。民主德国建设发展的 40 年,褐煤是唯一可大量利用的能源,因此被疯狂开发。有一段时间,德国成为世界上最大的褐煤生产国,开采了超过 3 亿 t 褐煤,约占全球年产量的三分之一。仅在劳齐茨矿区,就开采了 2 亿 t,加上大约 100 万 t 的沙子、泥土和石头废料,民主德国因之而成为名副其实的采矿大国。

与硬煤不同,褐煤离地表很近,通常采用露天开采法开采,这种开采方法使用超大超强的机器,进行露天挖掘,挖掘的壕沟常长达数千米。在 20 世纪 80 年代末,劳齐茨地区有接近 40 个大大小小的露天矿,大约 130 个村庄、住宅区和城镇区因露天开采而被推土机推平，25000 名劳齐茨人被迫迁离故乡。劳齐茨人说：褐煤给了我们一切也拿走了我们的一切。

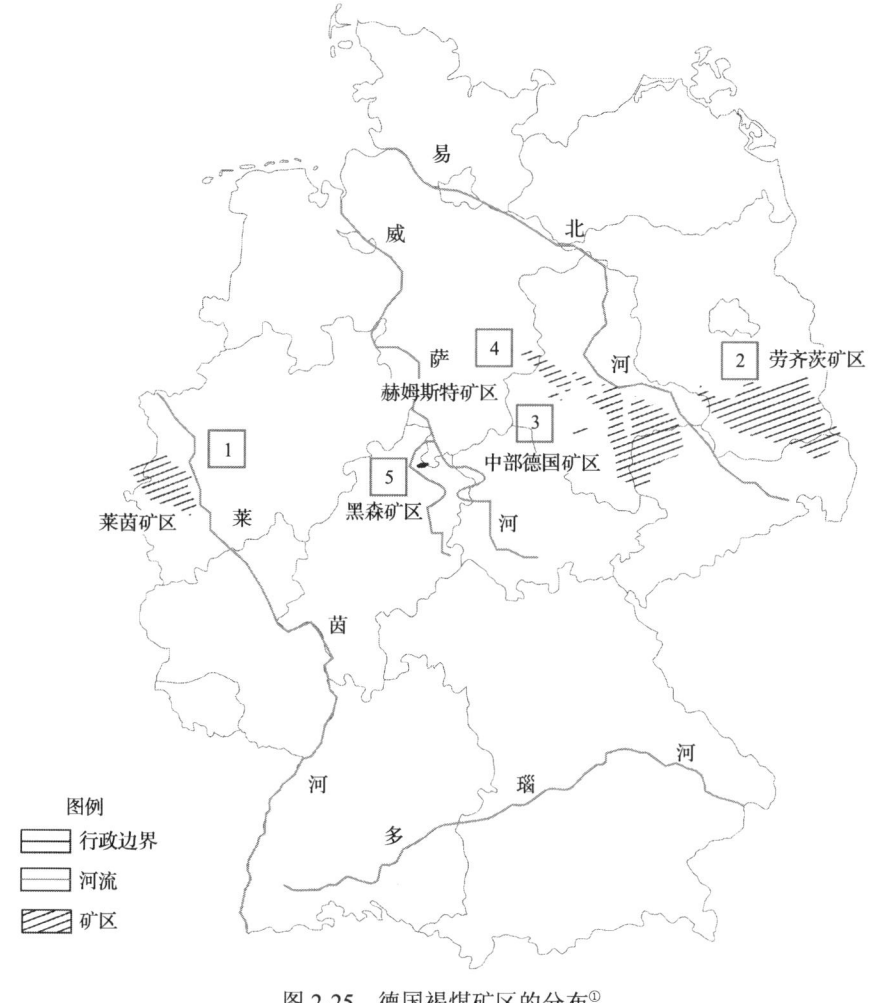

图 2-25 德国褐煤矿区的分布[①]

作为主要产业支柱的褐煤露天开采，形成了劳齐茨地区单一的产业结构，也成为民主德国主要的经济支柱，使得民主德国拥有能源自给自足的能力，但褐煤的开采对当地的环境、社会的影响和破坏则是毁灭性的，这一负面影响，随着 1990 年民主德国并入联邦德国而变得更为严重。1990 年民主德国并入联邦德国后，这一地区几乎所有的工厂和露天煤矿都关闭了，只有五座露天矿在联邦政府的支持下得以继续开采。当时这一地区的失业率上升到 25%，几乎四分之一的人口离开了劳齐茨。虽然在民主德国时期，也遵

① 图片来源：Wolfram Pflug. Braunkohlentagebau und Rekultivierung [M]. Berlin: Springer, 1998.

循"污染者付费"原则，但随着德国的统一，因为无计划的、突然的矿井停产、整顿，还因为当时的褐煤联合企业对早期复垦的疏忽造成的遗留问题，复垦成为当地必须解决的问题。这一地区共有 224 个矿井需要采取安全措施和复垦，斜坡距离 1190km，其中 660km 极为倾斜还伴有滑坡的危险。所有附带基础设施的景观被大面积破坏。

在这一地区 7.5 万 hm² 开垦土地中只有一半被重新开垦，且因为几乎所有的露天矿都关停，所以，需要复垦和生态修复的露天矿坑的数量巨大。针对如何修复和再利用这些应露天开采而受到扰动和破坏的景观，新政府在成立后展开了广泛的讨论，基本形成两种观点：补救式恢复和让自然自己恢复。

(1)补救式恢复。

利用尾矿堆，填充部分露天矿坑，恢复其原貌，创造农田、森林和建筑用地。残余的矿坑随地下水的上升形成新的水体。废弃的煤厂、炼焦厂、发电厂和其他工业设施被新的开发项目取代，经过一两代人之后该地区过去的采矿痕迹逐渐被人遗忘，这里将被打造成为一个新的经济发展区域，成为梅克伦堡州最具有吸引力的地区之一。

(2)让自然自己恢复。

一旦推土机停止工作，关闭地下水泵，采矿迹地将会按照自己的方式发展。地下水将再次上升，遗留的矿坑将在四五十年内自然充满水，植被将生长在已修好的沙堤、生锈的货运铁路和废弃的工业建筑上。鸟类和昆虫将迁入，一个独特的自然景观将在没有人类帮助的情况下形成，一个被遗弃但浪漫的区域将诞生。

但是这个情景有很高的安全风险，如果不人为地输送新鲜的地表水，那么湖泊中的盐分就会很高，不断上升的地下水会将该地区常见的硫酸盐带到地表。没有任何植物、鱼类或其他高等生物能够生活在这种咸水中。这些水也不适合游泳，而且会污染该地区的河流。除此之外，湖泊周围的大片区域将不得不关闭，因为没有安全保障的河岸将对生命构成威胁。如果沟渠陡峭边缘松散堆积的土壤没有被平整和压实，它们可能会使数百万立方米的土壤滑坡。这种情况已将劳齐茨的大片地区变成禁区，再过 100 年也无人居住并且无法使用。

在这样的思想理念的指导下，这一地区废弃的露天矿开始得到修复和再利用，内容包括矿坑的再开发、排土场复垦及工业遗产保护开发等，以下所介绍的是众多项目中的两个典型案例。

1. Ilse 湖-IBA 露天（Meuro 露天矿的再开发）

在过去的 20 年里，几乎没有任何一个城市像以前的格罗斯拉森市那样发生了如此大的变化。该市的南部几乎完全被露天采矿所摧毁，有趣的是，这为格罗斯拉森市作为一个湖边小镇的未来铺平了道路。IBA Terraces、Seebrucke 和 SeeHotel 位于新生湖泊 Ilse 的岸边，使 IBA 的起点格罗斯拉森市成为该地区从矿工到湖民生活结构转变的最重要例子。

格罗斯拉森市在 1999 年之前是一个采矿小镇。Meuro 露天矿位于该镇南部，将格罗斯拉森市与邻近的森夫滕贝格镇分开。Meuro 露天矿始于 1888 年，随着露天矿坑的扩大，褐煤开采所到之处，原有的景观都被彻底改变。格罗斯拉森市南部曾经是这个市的工业区，这里有型煤厂、砖砌厂、工业厂房和工人住宅区，包括 Ilse-Bergbau 矿业公司高管住房。1987 年，露天矿的推土机开到了这里，大规模的搬迁工作一直持续到 1992 年，原来的产业园区和工人住宅区只留下了单身工人居住楼和 Ilse-Bergbau 矿业公司总部，通往森夫滕贝格的道路及该镇南部的村庄都被推土机推平了。在 1989～1990 年德国统一前，该镇约 4000 名居民被搬迁安置。其中许多人被安置到了镇北部。1993 年，因为采矿边界的重新划定，这几栋建筑幸免于难，但被弃置，被人为破坏并遭受了几场大火，包括整个城镇在内，这一地区变得阴暗而沉闷。1999 年，该地区的露天采矿终于停止了。

2000～2010 年的世界建筑博览会给这个露天矿的整治和再利用带来了新契机。1999 年，新组建的 IBA-Fuerst-Puenkler- Land 公司决定将自己的办公地点放在矿坑边上，位于格罗斯拉森市南部的 Meuro 露天矿被选中。作为 IBA-Fuerst-Puenkler-Land 公司 24 个改造计划项目之一，将 Meuro 露天矿进行无害化处理，并建设成可以行船的湖，然后重新开发已经被拆除且夷为平地的格罗斯拉森市南部城区。在 IBA-Fuerst- Puenkler-Land 公司的积极努力和倡导下，这一计划很快得到了市政府的认可，并赢得了开发公司的投资。格罗斯拉森市商人 Lake Ilse 作为第一位私人投资者，投资了这个整治项目，因此 Meuro 露天矿坑形成的湖以他的名字命名（Ilse 湖）。投资商仅用一年的时间，就整治和改造了原单身职工宿舍楼，将其改造为一家拥有 77 张床位的四星级酒店，前 Ilse-Bergbau 矿业公司高管住房也在 2000 年修复整治后成为 IBA-Fuerst-Puenkler-Land 公司办公场所。

为这个矿区改造增添一道最靓丽的色彩的是 IBA-信息中心。1999 年，IBA-Fuerst-Puenkler-Land 公司决定在露天矿坑边上建设一个信息中心，作为其对外交流的窗口和相关信息发布与展示的空间。1999 年，IBA 公司与格罗斯拉森市共同就这个信息中心的建设举行了一次国际建筑竞赛，在全部74 种不同的方案中，来自法兰克福的建筑师范蒂南·海德的方案中选。沿着矿坑的三栋独立建筑连为一片，形成了所谓的 IBA 露台，该建筑长 270m，简洁、明了，像三个彩色的方盒洒落在沉闷的矿坑边上。

IBA 露台于 2004 年开放后，即被授予勃兰登堡建筑设计奖(Brandenburgischer Architekturpreis)，受到专家界和广大公众的广泛关注。所有主要的建筑杂志都报道了这个露天矿边上的激进建筑。《世界报》称之为世界上最引人注目的文明边缘。IBA 的访客和信息中心很快成为一个很受欢迎的场所。联邦和州政府各部的国际专家会议在这里举行，许多公司租借这里举办庆典，许多文化活动和私人庆祝活动也在这里举行(图 2-26)。

Meuro 矿坑的治理始于 2007 年，在完成了边坡的地质灾害的排除和整治后，露天坑将逐渐被地下水所填满，Ilse 湖由此诞生。早在 1997 年，LMBV公司就在 IBA 露台的旁边规划了一个港口。如今，已经完工的"西布鲁克"号就矗立在港口入口处，这里将成为劳齐茨湖区游船起航点。2008 年，格罗斯拉森市委托 JOSWIG 公司制定的总体规划还包括一个湖上运动厅和餐厅的规划。因为格罗斯拉城与柏林-德累斯顿高速公路的直接连接，Ilse 湖、港口和 IBA 露台将使格罗斯拉城成为通往劳齐茨湖区的门户。格罗斯拉森市南部也将作为湖泊和市中心之间的一个有吸引力的住宅区被再开发。未来

图 2-26　Ilse 湖和港口

的 Meuro 矿区将是一个充满活力的城市街区,这里有湖,有港,有居住区,也有体育、酒店和餐馆和商业(图 2-26)。

2. 一座采煤机械的再生——F60 采掘桥

在芬斯特瓦尔德附近的利希特菲尔德矿区,一座长达 500m 的采掘机械 F60 静静地躺在那里,它是世界上最大的露天采掘机械。今天因为这座像桥一样的机械,利希特菲尔德露天矿已经变成了游客的"矿场",F60 成为该地区旅游业的引擎。

芬斯特瓦尔德-劳赫哈默地区的工业化采矿始于 1870 年。在民主德国时期,克莱特维斯露天煤矿开始了大规模的褐煤开采。克莱特维斯周围的露天矿为大约 10000 人提供了就业机会,也为其家人提供了家园。但露天矿的开采导致的土地征用和社区拆迁也使 4000 人失去了家乡。

几十年来,由于露天矿的开采,投入到褐煤开采中的机械越来越大。直到 VEB TAKRAF Lauchhammer 公司设计建筑这种类型的开采桥。这座 500m 长的集开采、分拣和运输于一体的巨型机械一经建成就引起了轰动,并被迅速投入使用到利希特菲尔德矿。它可以一次性清除煤层上方 60m 厚的土层,因此被命名为 F60(图 2-27)。1990 年利希特菲尔德矿停止露天采矿,F60 在

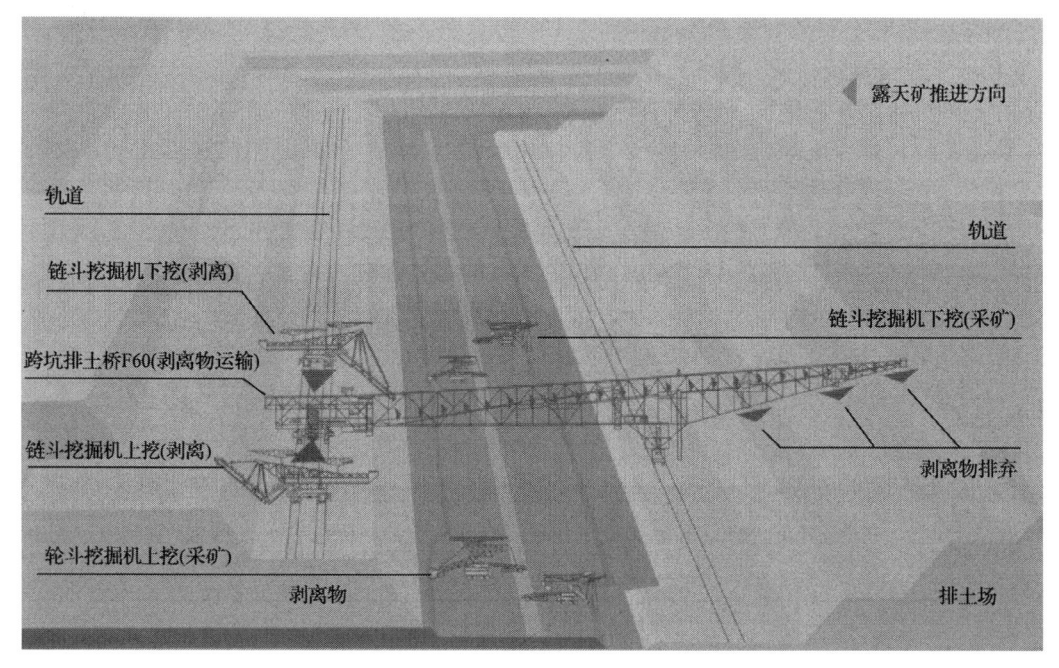

图 2-27　F60 工作示意图

短暂运行 13 个月后闲置。与该地区大多数露天矿一样，该矿于 1994 年被联邦国有矿山修复公司 LMBV 接管。矿区生态修复也包括原有采矿设备的处置，F60 采掘桥在计划被炸毁之列。

1995 年，当地政界人士开始就森夫滕贝格(Senftenberg)规划师埃尔克·洛 (Elke Lowe)提出的保留 F60 并开发旅游的想法展开辩论。但是谁会资助对这座巨型钢铁机械的改造呢？F60 可以改造成一个吸引游客的景点吗？谁来经营 F60 这个旅游项目？当局会支持吗？一开始，对这一想法持质疑态度的人远远超过支持的人。1998 年，德国柏林旅游研究所(Deutsches Institute Fur Touristische Forschung Berlin)的一项专家评估回答了这几个最关键的问题，从而使利希特菲尔德市市长和克莱恩埃尔斯特市政联合会(Kleine Elster Municipal Federation)对保留 F60 并开发旅游充满信心。尽管仍有人怀疑，但购买采掘桥的最重要条件已经满足(图 2-28)。

图 2-28　矗立在矿坑边上的 F60

值得庆幸的是，当时勃兰登堡州议会正好做出决定，支持在劳齐茨举行一次国际建筑博览会(IBA-Fuerster-Puenkler Land)。IBA-Fuerster-Puenkler Land 宣告成立，并着手这一地区的建筑博览会事宜。在 IBA 公司和几家致力于地区合作的公司的帮助下，F60 避免了被拆除的命运。2001 年春天，保护 F60 的福德韦尔登协会成立，而 LMBV 公司提供的众多改造设计和安全加固方案，被迅速地落实到了这座采掘机械上，很快 F60 就成为游客矿山体验的新设施，2002 年 5 月 F60 被移交利希特菲尔德·沙克斯多夫社区接管。

国际建筑博览会公司（IBA-Fuerster-Puenkler Land）对这个项目给予了积极的支持，尤其是在市场营销方面。IBA 的执行董事罗尔夫·库恩（Rolf Kuhn）教授甚至把它比作劳齐茨地区的埃菲尔铁塔（Eiffel tower of Lusatia）。在对游客开放的第一年，就有 70000 人参观了 F60，从而证明了它的价值和艺术魅力（图 2-29）。

图 2-29　被改造为可以攀登和参观的 F60

为了增加 F60 的吸引力，IBA 聘请了灯光艺术家汉斯·彼得·库恩（Hans Peter Kuhn），将 F60 变成一个独特的光和声的艺术作品。当时的德国总统约翰内斯·劳（Johannes Rau）启动了 F60 的声光装置，被照亮的 F60 出现在媒体上，成为 IBA 和该地区产业结构转变的象征。

为了帮助人们理解这一地区的变化，并全面了解该地区的采矿历史，在 F60 旁边，利用旧的工业设施设立了一家游客信息中心和餐厅。出于同样的目的，F60 通过 IBA 项目与生物塔和 Louise 型煤厂联动，成为劳齐茨工业遗产文化的一条风景线。

F60 的周边环境也被逐步重塑。在它的脚下，利用原露天矿边坡建立了一个露天舞台，在夏天，这里独特的环境为各种文化活动，如摇滚音乐节、音乐会和歌剧表演提供了独一无二的场所。由于 F60 作为旅游景点策划的成功，它所在的贝盖德露天矿德修复和开发再利用也迅速开展起来。在原露天矿区域内，在做了相应技术处理后，贝盖德湖成为劳齐茨矿区利用露天矿坑恢复的众多湖泊中最大的一个，在湖边，规划了码头、度假营地和科学探索中心。

在露天煤矿开采褐煤就意味着牺牲开采地的人们数百年来构建的耕地景观。挖土机一开动，从前的风土地貌便不复存在了。虽然有很多人质疑，被破坏的环境和景观还可以修复或恢复吗？自然给了最好的回答。自然是能够顽强地自愈的，即使人类开采地下的褐煤，将上覆岩层挖得乱七八糟，然后扬长而去，此地的动植物，以及菌群也会重整旗鼓地归来。如果人类能主动地思考如何在开采的同时给予自然更多的关注和关心，或者说如果破坏之后能制定有效的措施进行治理和修复，新的景观将会产生，它不仅服务于自然界，更有益于人类社会的可持续发展。上述的两个案例就是很好的印证。正如德国矿区土地复垦的先驱鲁道夫·海索恩(Rudolf Heusohn)所说：采矿没有摧毁任何东西，而是创造了新的文化景观。

第三章

抚顺市城市发展

第一节　抚顺城市概况

抚顺市地处辽宁省东部山区，地理坐标为 123°39′E～125°28′E，41°41′N～42°38′N。市区南北宽 6～8km，东西长约 30km，三面环山，浑河东西横贯，距省会沈阳市 45km；东临吉林省的海龙县、柳河县、通化市，南与本溪市的本溪县、桓仁县相接，西连沈阳市的苏家屯区、东陵区，北与铁岭市的铁岭县、开原市、西丰县接壤；市域东西长 151km，南北宽 138km，总面积 11271km² (图 3-1)。市域范围内的土地以林地为主，占土地总面积的75%；而未利用的土地仅占 2.03%，土地利用率为 97.97%。

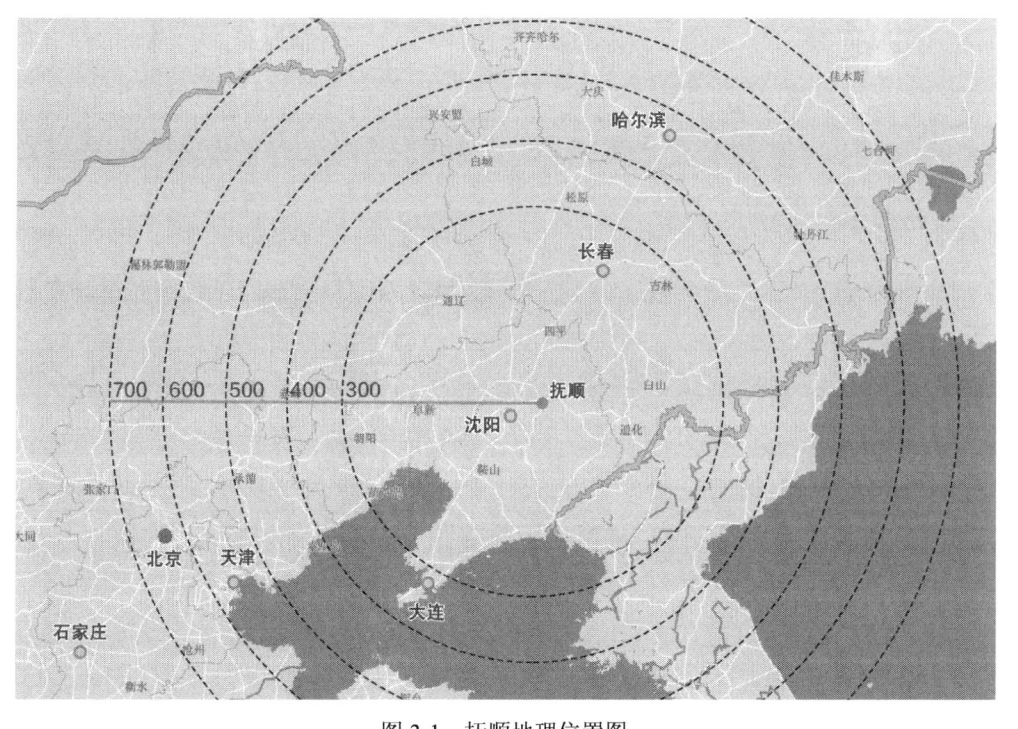

图 3-1　抚顺地理位置图

抚顺主城区位于市域西部，建成区面积 120km²，全市人口 206 万，其中市区人口 140 万。目前抚顺市的行政区划包括四个区及三个县，即新抚区、望花区、东洲区、顺城区；抚顺县、新宾满族自治县、清原满族自治县。

第二节　抚顺城市演变历程

纵观抚顺的城市历史，20 世纪上半叶的抚顺城市发展与煤炭的开采是紧密地联系在一起的。1908 年，晚清时期正式建抚顺县，到 1949 年抚顺市成为中华人民共和国成立后第一批直辖市，抚顺在这近 50 年的初步建城过程中经历了快速的工业化与城市化。民族资本家是开发抚顺煤炭的先行者，在抚顺率先开发煤炭，这改变了抚顺传统的产业结构。原始的自然经济主导下的城市经济开始转型，因为原始的采掘业机械化程度低，所以采煤需要大量的劳动力，而抚顺市的形成主要就是通过煤炭工业的发展，进而形成的人口大量集聚的过程。随着煤炭工业的快速发展，矿区人口迅速增加，形成集聚效应，从而引起城市人口的增加。对于抚顺来说，早期千金寨的形成为抚顺市的形成提供了条件，也基本确立了抚顺市煤炭资源型城市的基础。

抚顺因煤而城，煤炭工业的发展长期左右着城市的发展进程，矿荣城荣、矿竭城衰的现象十分显著，尤其是在沙俄与日本占领时期，以及计划经济时期，城市的各项建设基本围绕煤炭工业的发展而进行，因此，城市的发展阶段与煤炭工业的发展阶段基本一致，具体可以分为以下五个时期。

一、封建军事要塞下的营寨城阶段

抚顺初期在魏汉时期建立了古城，在东晋朝，高句丽政权为了争夺辽东，沿浑河、太子河、辽河沿岸从南到北修筑了一条坚固的军事防线，高尔山城就是其中之一，这个高尔山城也就是抚顺的前身。唐朝灭高句丽政权以后，高尔山山城（新城）成为唐朝在辽东的政治、经济、军事重镇，抚顺又作为一个营寨城得到了长足的发展。唐朝灭亡之后，契丹人废掉高尔山城，又在高尔山南麓修贵德州城。明朝抚顺城位于现如今铁路之南，还是作为一个极为重要的边防重地，营寨城的城市职能决定了它格局小而坚的特点。清朝中后期，于古城南侧建立城池，城内手工业、商业服务业都很发达，还有肉市、柴市、牲畜市场，重要的地理区位决定了它成为辽东地区重要的农副产品集散地（图 3-2）。在煤炭开发前，抚顺因为重要的地理位置被作为营寨城而建设，城市人口少，城中人口从事职业也多为农商两行，城市职能单一。抚顺古城在国内民族斗争的激化中显示出重要的战略地位，地区经济的发展也因其辽东半岛咽喉要道的特点得到加强。

二、分散的工矿点城市向组团化演进（1905～1945 年）

在 20 世纪上半叶，千金寨是抚顺的代名词。据《抚顺县势一览》记载，当时抚顺的商业原本十分落后，直到清朝末期，随着煤矿开采，商业才起步。

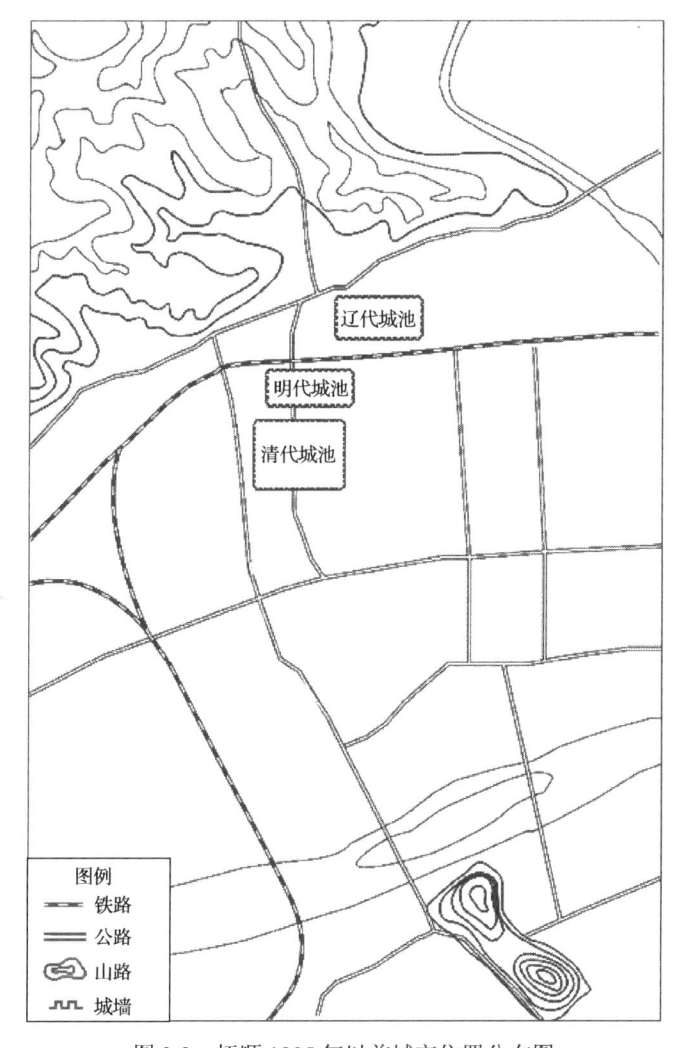

图 3-2　抚顺 1905 年以前城市位置分布图

自日本占领抚顺煤矿设立"抚顺炭矿"以后，由于大量开采和掠夺煤炭资源的需要，雇佣廉价劳动力，从山海关内招来大量劳工，于是千金寨人口陡然增加，1939 年井下采煤人数几乎是 1934 年的两倍（表 3-1）。随着采煤业扩展下的人口大量增多，在 20 世纪 30 年代，千金寨迅速发展成为东北新兴的繁华都市，抚顺煤炭工业的发展对人口的集聚作用由此可见一斑。

表 3-1　1934～1939 年井下采煤工人人数统计表

年份	人数/人	年份	人数/人
1934	30300	1937	41000
1935	32000	1938	55000
1936	38000	1939	57600

这种大规模的煤炭开采活动迅速地推动抚顺从一个以自然经济作为支柱的封建城镇，演变成为以工业作为支柱的城市。并且因为资源的丰富，当时抚顺的工业发展势猛，带动了整个城市各个方面的发展，使抚顺迅速从一个小村落扩张成为一个大型城市。大量的工商店铺在千金寨集中，使千金寨的人口规模快速增长，同时地区的基础设施基本齐备，地区的范围也迅速扩张，由原本的 4km² 扩张了近 25 倍。城市的形成和扩张带来了相应的城市规划手段，即日本人所做的千金寨规划。

由于千金寨所在区域下压有大面积煤层，为了给第一露天崛的扩张，以及第二露天崛和第三露天崛的开采做准备，日本人开始实行抚顺新市街规划，即将城市中心由千金寨地区向抚顺火车站、永安台地区转移，同时开始有计划地将千金寨地区进行迁移。到 20 世纪 30 年代末，随着第一露天崛、第二露天崛和第三露天崛的合并，曾经的千金寨地区已不复存在，加上老虎台、龙凤矿等井工矿的扩大开采，矿区面积迅速扩大，开始配套更多的商业、居住区和公共建筑，因此抚顺城市面积也随之迅速扩大。在这一时期，通过煤炭资源的开采和煤矿建设的扩张，抚顺市经历了形成和快速发展的阶段，煤炭工业的发展线索不断牵引着城市发展的方向，其间经历了千金寨地区的迁移、城市中心的转移、建成区的迅速扩大、城市功能的初步完善等，并逐渐由工矿点式分散发展的模式向组团式的带状城市转变(图 3-3)。

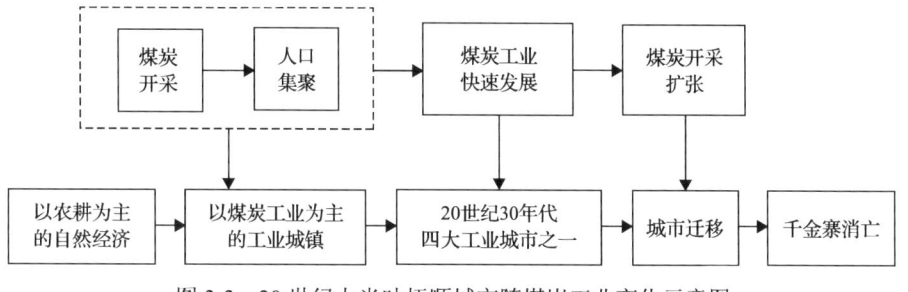

图 3-3　20 世纪上半叶抚顺城市随煤炭工业变化示意图

抚顺在这一时期的城市演变过程，可以通过三次城市规划的演变得到体现。

（一）千金寨规划（1905～1918 年）

在日本人占领抚顺期间，提出了三个阶段的开发计划，在前两个开发计划中，形成了胜利矿、老虎台矿、西露天矿的前身，当时中国人与日本人混居于千金寨，但所处的环境大相径庭。这一时期抚顺炭矿制定了千金寨建设规划，这一规划是近代抚顺第一部城市建设规划(图 3-4)。

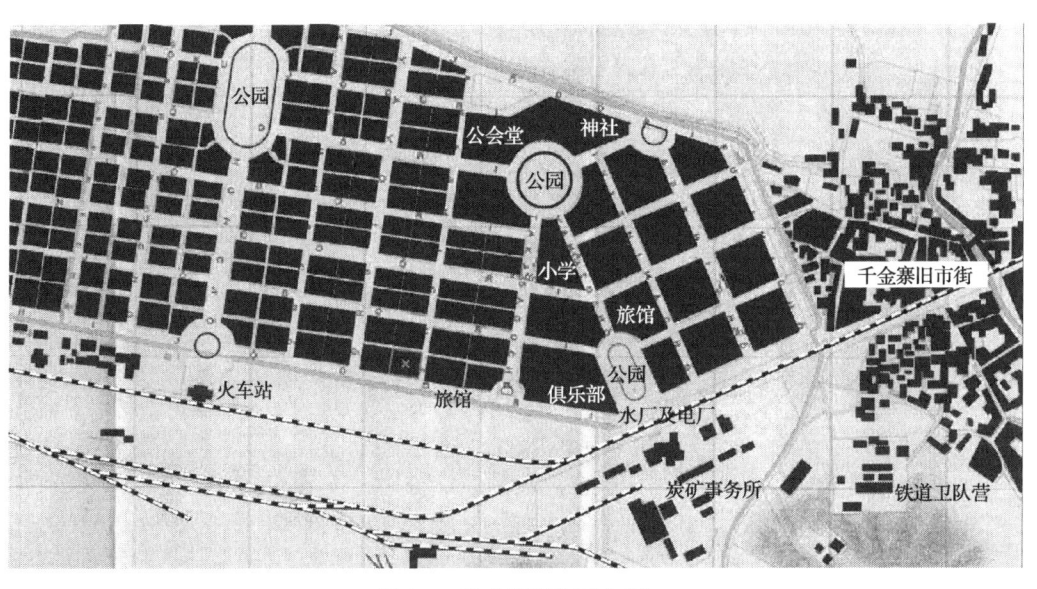

图 3-4　千金寨规划示意图

千金寨规划确定日本人聚居区以千金寨火车站为界，北侧为商业区，东侧为职工宿舍，西部则为居民区。在市区东侧沿主干道集中布局了学校、旅馆、事务所等大型公共服务设施和办公区。中国人居住区基本没有进行规划，确定中国人居住区主要由南北向两条主干路与旧区连接，东西向新设两条路作为横向联系。在该规划中，日本人聚居区规划功能分区较为清晰，道路规划十分规整，公园等公共、市政设施配置齐全，而中国人聚居区则基本没有规划，以自然屯落为主要形式，也没有配建设施，因此卫生、安全、交通等问题十分突出。

(二)新市街规划(1918～1937 年)

1918 年 5 月，满铁抚顺炭矿决定建设抚顺站前、永安台新市街，把日本人和主要的职员安排在永安台附近居住。1919 年 3 月，计划将原本位于永安台的市街进行迁移，历时 3 年，完成了新市街的规划方案，进一步对抚顺城市的功能区细化。火车站东部丘陵上为日本人和炭矿职员居住的聚居地(永安台)，以丘陵的顶端为核心，规划了放射环状道路。同时，以永安台丘陵为中心，修建东、西、南三个公园。西部平坦地段为商业服务区，以抚顺火车站为轴心向外辐射。商业地段的南侧为公共服务区，布局医院、学校、事务所等大型公共设施。工业区主要布局在商业区以西、杨柏河西岸一带，以发电厂、制油工场等重型工业为主，一般性轻工业则建在市街内（图3-5）。

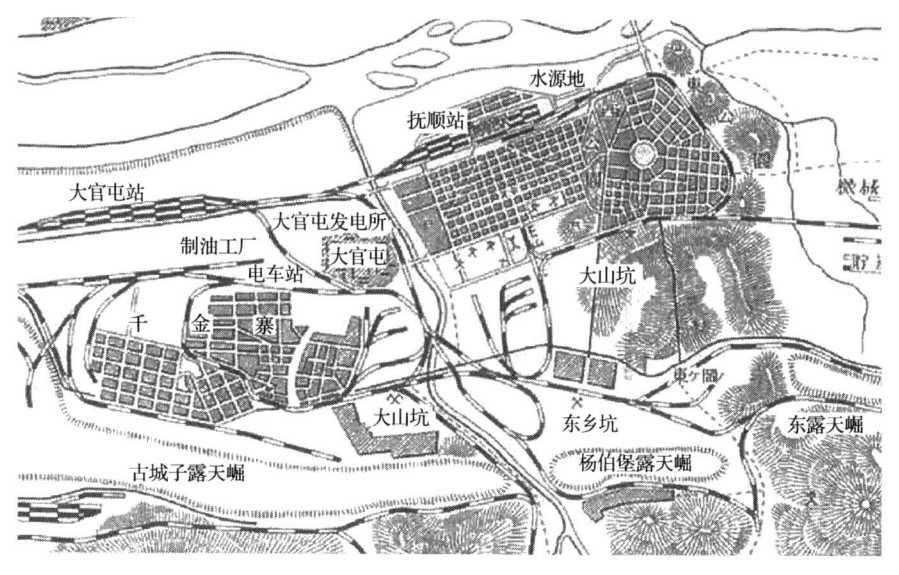

图3-5 新市街规划示意图

新市街规划通过清晰的功能分区、城市中心的强化和放射形的道路体系，突出了城市的空间秩序、轴线、视觉对景，同时也十分重视市政、绿地等公共设施建设，此外，与千金寨旧市街相比，对中国人聚居区也有了初步的道路计划和给排水规划，但对公园、公共服务设施的布局完全没有考虑，同时与南侧电厂、制油场之间没有任何绿化防护，污染十分严重。

（三）抚顺都邑计划（1937～1945年）

1939年4月，日本南满州铁道株式会社制定了抚顺都邑计划（图3-6），划定以抚顺火车站为中心的约187km^{2}的范围作为相关的计划区域，预计在30年的时间内实现区域人口增长、商业区域规模扩大等目标。

计划分为三期实施，一期建设重点为大瓢屯住宅区，规划面积13km^2，计划居住人口19万，建设石炭液化工场（现石油三厂）、轻金属工场（现抚顺铝厂）、西制油工场（现石油一厂）、制铁工场（现抚顺特殊钢厂）等重工业，并开始发展商业等配套建筑。二期在一期的基础上向西北方向扩展，在铁路北侧、浑河南侧重点布局工业，南侧布局居住、商业服务功能。最后建设浑河北岸抚顺城附近，完善城市功能，建设区域扩展为19km^2。

抚顺都邑计划重点考虑的是工业开发与建设，所以优先安排工业用地，逐步使抚顺发展成为一个组团式的带状城市。

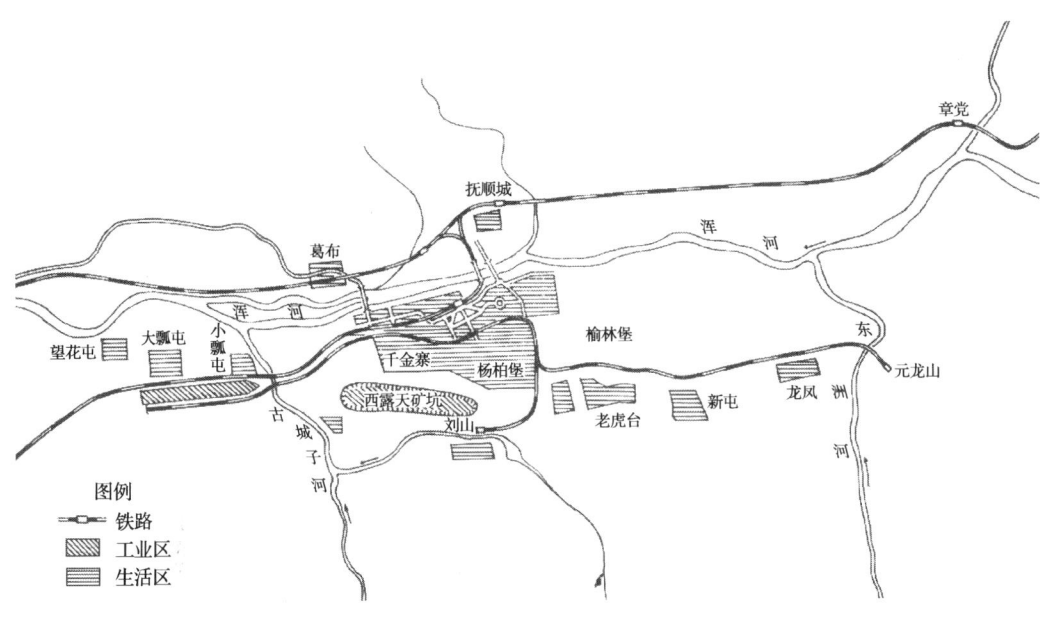

图 3-6 抚顺都邑计划

抚顺都邑计划是抚顺历史上的第一部完整意义上的城市规划,也表明了抚顺城市功能和地位的转变。随着该规划的实施,抚顺逐步摆脱了单一围绕煤矿的分散化、工矿点型布局形态,到 20 世纪 40 年代,抚顺带状、组团式的城市结构基本形成,奠定了抚顺现代城市的总体格局。

三、矿区优先发展下的"矿城分离"(1945~1978 年)

1945 年日本战败后,抚顺煤矿是一片十分衰败的景象。受到战争和不同接管者的破坏,以及水灾、火灾等自然因素的影响,抚顺煤矿生产能力十分微弱,经过 1949~1952 年的恢复期,生产能力才逐渐恢复。从 1952 年开始,抚顺煤矿进行了局部改建和总体改建,其中主要包括地质设计、矿井延伸等,以及以苏联援建的 156 个项目为重点的矿区建设。由于此时的城市性质是以燃料工业为主的综合型重工业城市,因此更加强化了煤炭工业在城市整体发展中的主导地位,1960 年抚顺原煤产量为 1832 万 t,达到抚顺煤矿有史以来年产量最高的时期。但这种发展是非理性的发展,是以各种破坏为代价换来的产量提升。在城市土地方面,东、西露天矿的开采和各个井工矿的拓展,使煤炭开采影响区迅速扩大,土地沉陷和塌陷区面积迅速增加。在城市功能方面,矿、居混杂的情况十分明显,工业"遍地开花",建设布局高度分散。在环境方面,城市污染十分严重,居住环境十分恶劣,因此从发展阶段上可以总结为：在经历了破坏、恢复、改扩建后，抚顺煤矿进入了膨胀发展的阶段，城市功能高度集中于以煤炭工业为主导的工业方面。

这一时期抚顺市的各项建设大多是围绕煤炭工业进行的，如以矿山和工业发展为主题，抚顺市政府编制了东洲、望花住宅区配置图。1958年，抚顺市提出八年把抚顺建设成为现代化、国际化的社会主义新城市等，城市面积不断扩大。在经历"大跃进"之后，抚顺煤炭产量迅速下滑，1972年，由于煤炭开采与城市建设矛盾日渐加剧，城市中心再一次进行转移，即由站前地区向浑河北岸二道房附近发展，实行"矿城分离"（图3-7）。这种发展方向虽然促进了城市工业与居住功能的分离，但同时，南部矿区的工业职能更加集中。

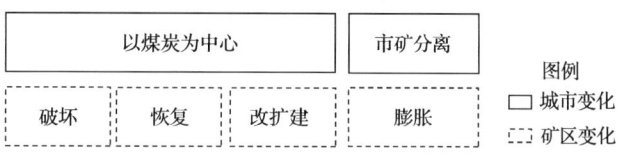

图3-7 "矿城分离"时期抚顺城市随煤炭工业变化示意图

实际上，抚顺市"矿城分离"的发展策略是煤炭工业的无序发展打破了城市和矿区的平衡关系所造成的，即城市功能高度集中于工业建设，无法提供适宜的生活环境，可以看作城市在特定条件下的发展尝试，也是以单一产业为核心的必然结果（图3-8）。在这种条件下，抚顺相对于城市而言，更像是一个产业基地，而尚不具备作为一个城市应该承担的更多内容。

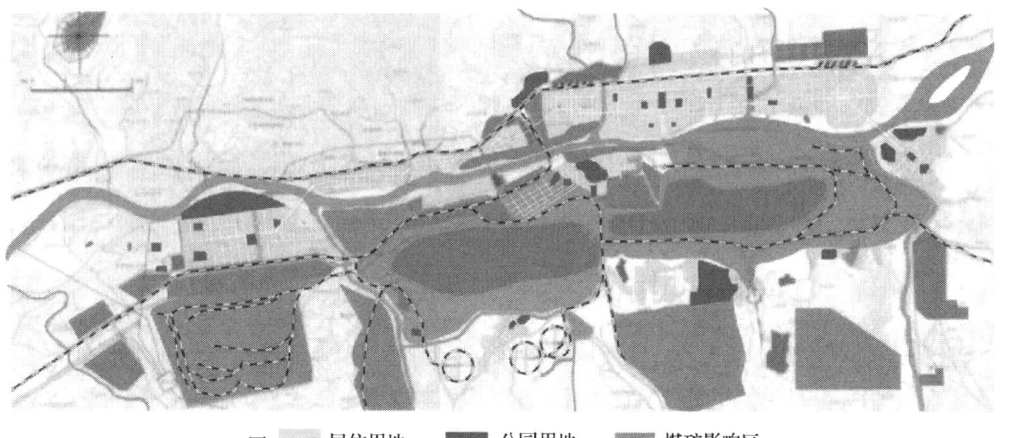

图3-8 抚顺市1945～1978年城市主要功能规划示意图

四、煤炭产业衰退下的市矿重聚（1978～1997 年）

在经历"大跃进"和"文化大革命"等事件后，抚顺煤炭工业发展进入低潮期。改革开放以后，抚顺的城市性质是以燃料、动力、原材料工业为主的综合性重工业城市。与以往不同的是，此时的煤炭工业已很难恢复到以前的水平，原因如下：

（1）随着东露天矿的恢复工程，其开发建设逐渐扩大，石油产业在城市中的地位不断提高，已逐渐成为城市中的主导产业。另外，由煤炭产业发展所带动的电力、机械等产业部门的规模已基本成型，抚顺的产业结构已逐步多元。

（2）煤炭作为不可再生资源，经过长时间的开采活动，储量迅速减少，20 世纪 90 年代末，抚顺矿务局全局可采储量只有 9159 万 t，生产煤矿只有西露天矿和老虎台矿，煤炭年产量维持在 600 万 t 左右，到 2016 年，西露天矿因无储量可采而进入残采阶段。因此，以煤炭工业为核心的发展模式已无法长期支撑起城市发展的过程，城市产业进入转型期。

（3）长期以来煤炭工业发展与城市发展之间都存在矛盾，不得不重新审视二者间的关系，由于煤炭开采所带来的城市发展规模迅速扩大，城市的各项建设以煤炭工业为中心，因此煤炭发展的萎缩带来经济上的震荡，出现破产、失业等社会问题，而城市所要解决的关键问题不只在产业方面，更应当集中于解决这些社会问题。

这一时期，相对于产业而言，城市发展逐渐成为重点。但与此相矛盾的是，在经历了"矿城分离"之后，抚顺的发展重心再次经历转移，即放弃生活区沿浑河北岸向东扩展，将南岸工矿区附近发展为城市生活区。这种发展错位使城市延续了围绕工矿点、分散开发的空间模式，以生产功能为核心的发展路径进一步强化，也就是说，抚顺在产业上的转型还不足以带动城市空间上的转变，在实施采煤动迁的过程中，采煤塌陷区、压煤区内的城市建设仍在继续，煤炭工业对于城市发展的制约作用依然明显（图 3-9）。

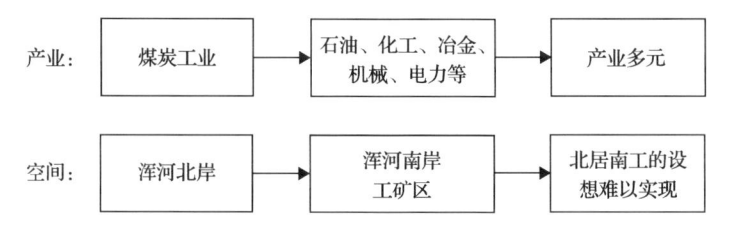

图 3-9　市矿重聚时期抚顺产业与城市空间发展示意图

十一届三中全会之后，中国进入了改革开放的发展新阶段，而城市规划工作也得到了恢复。1978～1982 年，抚顺重点开展了恢复调整城市建设规划，于 1982 年编制了新的总体规划（图 3-10），1983 年经国务院正式批准实施。

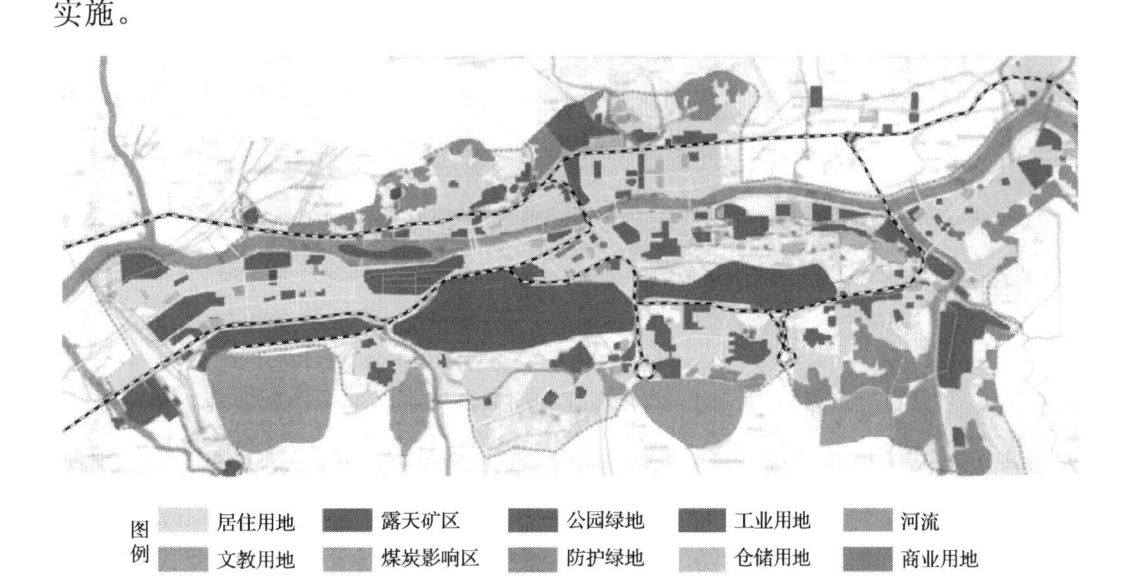

图例 居住用地 露天矿区 公园绿地 工业用地 河流
文教用地 煤炭影响区 防护绿地 仓储用地 商业用地

图 3-10　抚顺市 1982～2000 年城市空间规划示意图

该规划将抚顺定位为以燃料、动力、原材料工业为主的综合性重工业城市。规划形成八个工业区，即河南综合性工业区，河北机械工业区，望花冶金工业区，田屯化工工业区，张甸石化工业区，坑南煤炭工业区，章党电力、建材工业区，新太河电子、仪表、轻工工业区。规划生活居住区形成一个城市中心、两个副中心和六个工人村。市中心为河南站前旧区和河北新区；两个副中心分别为望花和东洲；六个工人村包括古城子、刘山地区、老虎台、新屯、龙凤和章党，另外对城市交通、浑河整治、城市绿地等都有具体的规划目标。

五、人居功能回归下的城市转型（1997 年至今）

由于煤炭工业对城市发展问题的影响，尤其是大面积的采煤塌陷地及露天矿坑、舍场、污染物和气体的排放等对人民生活质量和城市环境的影响日益突显，1998 年，朱镕基总理对抚顺调研后，抚顺市提出"保城限采"的城市发展战略，从此确定了抚顺城大于矿的城市发展方式。1999 年，龙凤矿实施封井破产，加上 1979 年早已停产的胜利矿，抚顺曾经的几大煤矿目前只有西露天矿、东露天矿、老虎台矿在产，且均维持小规模开采，与以往相比，煤炭工业在抚顺已逐渐脱离主导产业的行列。这一时期初，抚顺是全国重要的重工业城市，工业强、城市弱的格局仍然比较明显，但已初步形成城市的带状、组团式结构。其中河南组团是市区的行政、商贸、文化等大型基础设施区域，可以看出城市在强调工业发展的同时，在城市功能和人民生活方面都有了更多的考虑。随着几大煤矿的减产和关停，煤炭工业对抚顺城市发展的影响已逐渐减小，产业多元化和城市功能的日趋完善促进城市经济增长方式的调整，带动以单一产业为核心的老工业基地向以服务、消费为主的综合性城市转型。

这一时期煤炭工业对于城市发展的影响已主要集中于空间层面，主要体现在因煤炭工业发展而形成的露天矿坑、采煤塌陷地、舍场用地，以及井工矿地上部分体量较大的生产设备和厂房等，并因此产生地质灾害、离岗人口等众多社会问题。另外，对于老工业基地城市而言，对少数国有重工业企业的依赖是其主要特征之一，这些企业也承担着城市中的许多职能，造成城市内生动力不足、市场化水平难以提高等问题，即抚顺这一时期主要面临"资源锁定"和"体制锁定"的困局，由此影响着城市转型进程。

从2003年开始，为了振兴东北地区发展，国家相继出台了一些政策，来促进东北地区城市转型，其中在国务院2013年发布的《全国资源型城市可持续发展规划(2013—2020年)》中，抚顺被列入衰退型城市之一，未来可持续发展的重点任务是化解历史遗留问题，逐步增强可持续发展能力，这些在抚顺市2011~2020年的总体规划中也得到了具体的体现。例如，在空间发展方面，以培育城市经济、提升环境质量为导向，优化空间布局模式，彻底扭转生产主导的空间模式，实现"矿区经济—厂区经济—城市经济"的空间模式转型；在用地布局方面，规划至2020年，中心城区形成"一心、五片、多组团"的城市空间结构，此外还在历史遗产、生态环境、公共基础设施等多个方面做出了详细的规划，抚顺的城市转型已全面展开。

第三节　抚顺城市演变模式

抚顺城市发展与煤炭工业联系极为紧密，尤其是在城市早期的时候，大部分的城市建设都是为了更好地发展煤炭产业而进行的，抚顺也经历了长期的矿大于城的发展阶段。20 世纪 70 年代末，抚顺逐渐加强了城市其他方面的建设，开始进入城大于矿的发展阶段，2000 年以后，抚顺市在东西方向及浑河北侧的扩张极为明显，开发了许多新的城市用地，同时大力开展棚户区的改造工作，城市质量逐步提升。在城市发展的过程中，矿对城市发展的影响有迹可循，其经历了点状分散—独立扩张—联结成片的发展过程，城市空间也因此经历了点状分布—依矿而兴—轴向延伸的演变轨迹，最终形成了如今抚顺带状城市的形态布局和独特的城市空间结构。

一、点状扩张模式

在以矿产为中心建立城镇的初期阶段，城市的发展主要按照点状的模式进行，城市的空间设计和功能区域的分布主要是围绕煤矿所在地展开，建立居民区、商业区等以及相关的配套设施。随着煤炭产业的壮大，围绕千金寨等重点开发煤矿，大量矿工及其家属在千金寨附近定居。1915 年抚顺县治迁移到千金寨，此后的二十余年，千金寨成为抚顺的城市中心。日伪统治时期，千金寨地区着重规划了日本人生活区，布局了学校、旅馆、事务所等设施和办公区，道路布局也较为规整；后来为了适应更大限度地开采煤炭的目标，抚顺开始推动新市街计划，将抚顺城市中心从千金寨迁移出来。随着旧区的迁移，城市功能更加完备，但这只限于日本人的生活区内，另外，煤炭工业的附属企业也被布局在城市之中，工业用地与城市用地混杂。在煤炭工业的带动下，千金寨在 20 世纪 30 年代成为大型的工业城市，老虎台、龙凤台等地区也因为煤炭开采活动形成独立的社区，奠定了抚顺城市空间形态的基础。此时煤炭产业占据城市绝对主导地位，但由于受到帝国主义的占领，带有明显的殖民地性质。

二、联结扩张模式

1938 年，古城子露天崛、杨伯堡露天崛和东露天崛合并，成为东亚地区最大的露天矿场——西露天矿。采掘业的不断发展带动了相关的配套工业的发展，例如，石化等其他工业门类发展起来，延伸了煤炭产业链条，并且其工厂和厂区开始占据城市土地空间，如石炭液化工厂（现石油三厂）、西制油工厂（现石油一厂）、制铁工厂（现抚顺特殊钢厂）等，工业用地面积迅速扩张。随着煤炭工业自身的迅速发展及其延伸产业在空间上的布局，围绕其厂区开始形成居住组团、商业区等，学校、医院、服务设施等也穿插其中，城市建成区面积迅速扩大。在浑河南侧，各个矿区呈水平分布形式，从而带动城市的发展形态向带形城市演进，但生产和生活设施混杂排布，城市生活质量亟待提升。

三、市矿分离与重聚

建国后抚顺的城市性质为以燃料工业为主的综合性重工业城市。虽然城市的发展重点仍然以重工业为主，但多年发展积累的城市问题越加突出，生产和生活的混杂使城市环境污染严重，空间布局杂乱，以煤炭工业为主的工业用地也占据了浑河南侧大量的城市土地，压缩了城市发展空间，并制约着城市发展方向。为了解决这些问题，建国后抚顺的城市生活区主要向浑河北侧发展，城市中心由原来的站前地区向浑河北侧的二道房附近转移，促进工业居住的空间分离，即矿区与城市生活区的分离。在此基础上，规划建设了一批居住区，市政建设也进行了合理的安排，如新建了跨越浑河的大桥、新增公交线路、修建污水治理工程等。但从实际情况来看，这种"矿城分离"的城市发展模式并未持续下去，并呈现出倒退的趋势，即城市发展中心再次向浑河南岸转移（表3-2）。原因如下：

（1）抚顺一直以重工业发展为主导方向，而在这种导向下的产业大多是劳动密集型产业，城市的产业结构并没有随着城市发展模式的转变而重构，城市的发展也依然依赖以煤炭为主的重工业发展。

（2）抚顺作为我国煤炭资源型城市之一，与其他煤炭资源型城市有着不同的特点，其多年煤炭工业的发展形成的矿坑、塌陷地无法实现在地理位置上的迁移，各个煤矿也已形成庞大的社区组团。与其他煤炭资源型城市的发展过程所不同的是，基于其丰富的煤炭资源赋存，不用向外扩张城市范围以获取更多资源，抚顺的煤炭工业并未经历"飞地"发展的时期，其发展特点是源于历史条件下已形成的各个矿点所进行的不断建设、扩张和融合，因此缺少城市发展中心转移的时机。

在20世纪90年代的规划中，已不强求集中连片的城市布局，更加强调在分散的基础上相对集中的布局，这在客观上延续了围绕工矿点分散开发的空间模式，城市发展始终无法脱离煤炭工业发展的制约。

表 3-2　抚顺城市发展模式

年份	类别		
	建成区	矿城关系	发展模式
1920			
1930			
1950			
1980			
2010			

第四节　抚顺城市演变特征

一、厂城互嵌，矿城分离

抚顺是一个因煤而兴的城市,在城市中心存在着大面积的工业用地和仓储用地,城市的建设主要依托工业发展。

为了方便生产和有利交通,其城市早期的居民聚落点多分布于露天矿坑及地下开采的矿井周围,因此形成了早期的城市轮廓,包括早期的工人村、堆场等用地,同时为了方便管理,在其周边布置管理、办公区域,建设办公楼等设施。解放后,抚顺煤矿的整合与升级都由抚顺矿业集团来系统开发。受到长期战争及帝国主义国家对其进行的开发性掠夺的影响,矿区基础设施建设薄弱，工人生活条件差，于是围绕矿区建设又形成了大量的公共服务空间的开发，如厂区医院、学校、招待所、市场等服务于厂区员工与家属的服务设施。煤矿企业引领着煤炭开采工作，因此这种以煤矿企业为中心的功能性扩张逐渐形成社区，如古城子社区、老虎台社区等。

一方面，因为抚顺煤矿的空间分布特点是"矿在城中，城在煤上"，所以大多已形成的矿区分布于城区之中，矿区的公共服务设施也可以被城区的居民所使用，围绕着矿区又聚集了很多居民聚落，形成了工人新村，二者联系紧密。另一方面，随着矿区的整合发展，其在空间上与自然景观一同限制了抚顺城市的发展走向，例如，以浑河为界，北侧为城市生活区，南侧大多为矿区，东、西露天矿开发形成的东西向的地质灾害及地下开采形成的塌陷地，使矿区的影响范围显著增加，城市北侧为顺城区、西侧为望花区、东侧为东洲区、中心城区为新抚区，这样形成了城市与矿区在空间上显著的二元结构关系(图 3-11)。

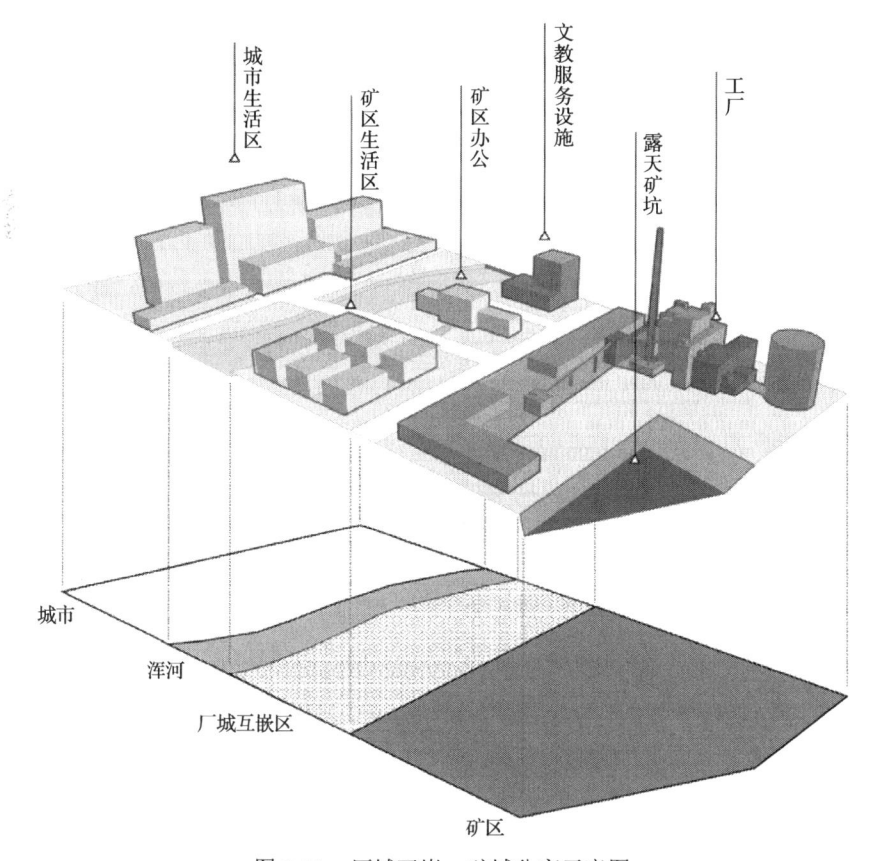

图 3-11　厂城互嵌、矿城分离示意图

二、交通场站依附

在煤炭工业主导下，煤炭运输是煤炭工业发展中的一个重要环节，而铁路运输是煤炭运输的最主要手段之一。早期抚顺铁路的兴建是服务于矿区建设的，如早在日俄战争时期，沙俄为战争需要，修筑了抚顺煤矿运输的铁路线。随着城市和矿区的发展，煤炭运输的需要也不断提高，因此铁路线的覆盖范围不断扩大，且大多连接矿区与附属企业，并建设了许多交通场站，如抚顺最早的火车站是千金寨站(现西露天矿坑)和抚顺站，之后完成了电车线路的建设，实现了电气化铁路。抚顺煤矿电气化铁路专用线路，在浑河南侧呈东西走向绵延37km，横贯望花、新抚、露天三区，其铁路线上所设的老虎台站、龙凤站等站点，所连接的地点绝大部分是煤矿、机械厂、石油厂、钢厂等工业厂址，煤炭工业的主导和发展使城市交通形成规模并迅速扩展，其对城市交通建设的影响可见一斑(图 3-12)。在这个过程中，城市形态也受到交通设施建设潜移默化的影响。首先，伴随着交通场站的建设，出现相应的堆场等仓储用地的布局，同样作为一个地区的交通节点，也会形成居民与商业点，例如，抚顺都邑计划就是以抚顺南站为中心规划的新抚顺城。其次，在多版规划中，以铁路交通沿线的场站为建设中心就成为抚顺城开

图 3-12　抚顺交通场站与建成区、矿区关系示意图

辟新区和工业区的主要布局手段。现在的望花区、顺城区、新抚区、东洲区就是以相应的大官屯站、抚顺城站、抚顺站、龙凤站为中心做的早期规划。因此抚顺煤矿工业的发展带动了交通运输业的发展，最终也对抚顺城市形态产生了深远的影响。

三、轴向拓展

抚顺早期的城市建设多围绕矿区进行。早在伪满洲时期，为了加强对煤炭资源的开采而对千金寨地区进行整体迁移，促成了抚顺新城的开发建设。在抚顺都邑计划开展的初期，抚顺的煤炭工业发展活动已多集中于浑河南侧，而老虎台、龙凤矿等井工矿与西露天矿的地理位置在空间上呈现水平分布的特征，这就压缩了城市在浑河南部的发展空间。同时在连接各个矿区厂区的东西向铁路交通线的引导下，抚顺初步显现出东西向发展的空间布局。经过多年的开采，已形成规模极大的东、西露天矿坑及严重的土地塌陷，浑河南侧各个煤矿影响区和舍场影响区的面积占据城市总建成区面积的一半以上，占用了浑河南侧大部分的土地空间，因此在合理地解决这些问题之前，城市因采矿影响区形成的人工屏障阻碍很难向南方拓展（图 3-13）。

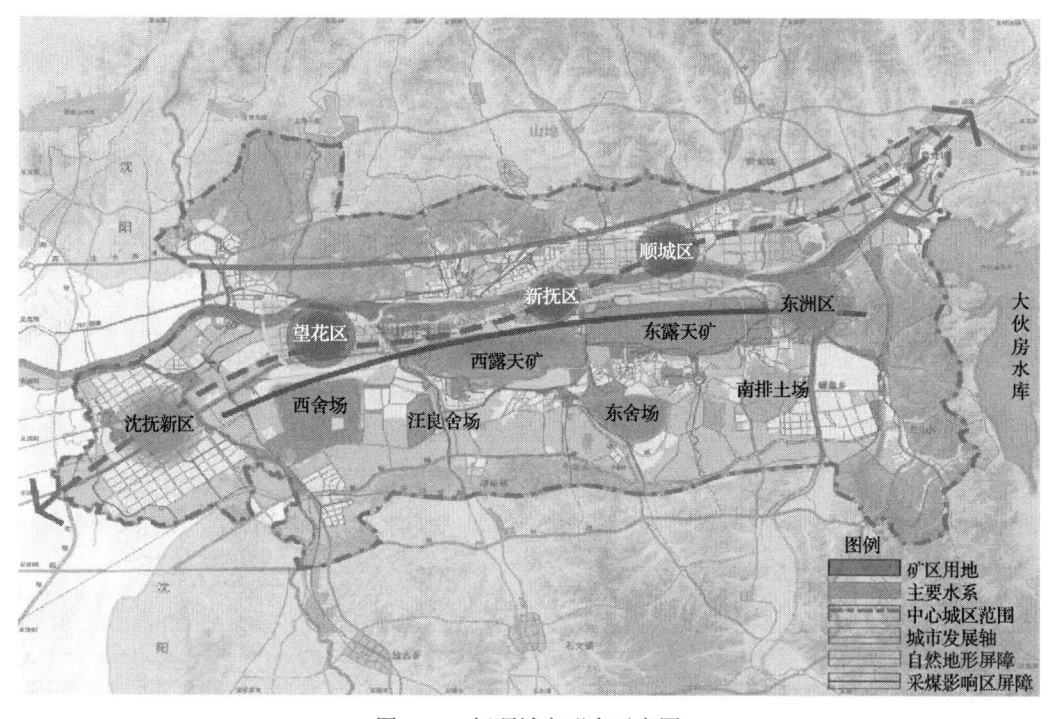

图 3-13　抚顺城市形态示意图

受到抚顺北部山区的自然地理条件和南部采矿影响区的制约,并且在铁路线与配套场站的规划布局引导下,抚顺城市整体形态逐步呈现出带状城市的特征,其以浑河景观带为轴线,交通线也主要以东西向布置,根据这样的发展轴线,城市的居住、商业、文化等用地不断扩展、填充,城市功能逐步完善,最终在老城区形成城市的中心区,东西两侧各形成一个城市的副中心,分别是东洲区和望花区,也就是现在抚顺市"一个中心、两个副中心"的城市格局,并在发展方向上有继续向东西两侧延伸的趋势,最明显的表现就是在城市西侧建设抚顺经济开发区,逐步形成新的生活区和工业集聚区。

第五节　抚顺总体发展战略

一、抚顺总体发展战略梳理

(一)生态先行的城市空间拓展

在国家进入"新常态"的历史新阶段,立足生态文明、文化传承的国家新型发展理念,充分发挥抚顺大城市与生态、山区有机结合,推动抚顺从高消耗、高排放的粗放型发展模式,向高效集约、生态低碳的集约型发展模式转变。

为实现抚顺市生态现行的城市空间发展理念,一方面,抚顺市应大力推动立足本底生态资源和特色文化资源的生态旅游、农特产业(加工)、文化休闲产业发展,加强高新技术、现代服务等低污染、低排放的新型产业发展。另一方面,应全面优化、疏解、控制高污染、高排放的石化、冶金、采矿等传统产业,积极发展精深加工和循环经济,减少中低端粗加工环节的比重,优化传统产业的布局结构,引导煤炭产业向生态承载力较大的区域疏解、转移。

(二)消费引领的城市产业转型

(1)农产品加工及物流产业。通过对区域林木资源、特色农产品、中药材、山野菜的集散加工,加强产业链条延伸,构筑特色农林资源的精深加工中心和物流分销枢纽,力争成为东北地区重要的都市型消费工业基地。

(2)旅游休闲产业。未来十年,抚顺应将旅游产业作为在消费时代促进城市转型的战略性产业，促进旅游业跨越式发展，实现质的飞跃。为此，抚顺未来应着眼于沈阳经济区居民生活水平提升形成的巨大需求，以"沈抚同城"为契机，以本地和区域人口老龄化需求为突破口，大力发展都市休闲旅游、生态文化旅游、工业旅游和养老旅游。

(3)健康养老产业。以健康养老、医疗保健、养生度假、健康教育为重点，建设"医、教、研、养、康"五位一体的健康养老基地，打造东北健康养老品牌。加强特色化或中高端健康服务能力建设，打造沈阳经济区特色诊疗中心。依托良好的生态环境建设复合型养老度假基地，发展绿色养生房产，积极拓展医疗保健、康复护理、辅具配置、精神慰藉、法律服务、紧急救援等延伸服务，培育以健康长寿为主题的养老产品服务体系。积极探索沈阳-抚顺医疗卫生人才流动机制，加快构建"医疗—教学—科研"的一体化平台，打造特色化健康培训基地。

(4)印刷与包装业。随着东北地区的经济振兴和人民生活水平的提高，印刷与包装行业的市场规模正以每年 15%～20%的速度递增。到 2015 年，东北市场包装印刷产品需求缺口将达 2000 亿元。虽然东北地区印刷与包装企业数量不少，但实力不强、布局分散。由于缺少高水平规模化印刷与包装产业集群，大量的业务，尤其是高端业务外流到长三角和珠三角地区。抚顺近几年印刷与包装行业发展势头迅猛，未来抚顺应依托沈阳的策划和设计等上游优势，进一步吸引印刷与包装企业入驻沈抚新城，提升产业技术水平，做大做强印刷与包装行业。

(三)区域联动的城市枢纽规划

以区域功能重构为载体，抓住沈阳经济城市组织模式变化的战略机遇，大力强化面向沈阳的产业内分工，吸引国家中心城市功能向抚顺拓展。立足沈阳与抚顺之间已经形成的装备制造产业内分工基础，进一步深化产业合作，加大对沈阳和沿海地区装备制造业的承接、疏解力度，积极融入沈阳国家先进装备制造业基地的发展。抓住沈阳高科技产业功能向浑南地区和空港周边集聚、休闲生态和文化科技功能向东部山区转移的功能演变趋势，以西部沈抚新城为核心载体，积极承接沈阳的科技创新、文化创意和生产服务功能的带动，打造面向沈阳的综合性服务后台。依托东向的区域枢纽构建，积极分担沈阳的交通压力与中心功能，以交通物流和商贸服务为重点，进一步壮大以沈阳为核心客源地的休闲旅游产业,并依托沈阳进一步提升旅游辐射面,争取与沈阳共同构筑东北地区旅游集散地和目的地。继续承接、疏解沈阳的都市工业等低成本导向型产业转移,如印刷、食品和木材加工业。

(四)创新驱动的城市发展布局

积极打造沈阳高新技术产业的拓展区。重点面向沈阳浑南高新区开展产业分工,加强高科技资源的引入与依托,发挥同城化低成本优势,进一步加大对国内外高校及科研机构的引入力度,打造高新技术产业的研发转化和创新孵化平台。一方面,立足沈阳沈工科技发展有限公司、辽宁桑德环保科技有限公司等已有企业加强与沈阳数字识别技术装备园、航高基地、金属新材料产业的对接,进一步积极引入电子信息、智能机器装备、生物医药、新能源、环保科技、航空制造等相关产业;另一方面,加强与沈阳国际软件园、泗水科技城等的对接,积极承接软件外包、研发中试等科技服务型产业的扩散转移。

二、抚顺城市转型发展战略建议

(一)将矿区土地权属关系变更问题作为矿区转型发展的基础

伴随着赖以生存和发展的自然资源濒临枯竭,矿区将不同程度地面临经济增长滞缓、就业压力激增、财政资金短缺、居民生活困难、就业困难、生态破坏等一系列经济、社会、环境问题。大多煤炭企业作为国有企业,是计划经济体制下的"社会单位",也是国家实现工业优先发展战略的重要组织形式,因此承担着各类政策性责任,如职工就业问题、社保问题。

目前我国的工业类土地开发由于高层次立法的缺失,各地采用"一地一策"的模式,确实存在差异性,这样的模式容易适应各个地方具体情况的特殊性,但是却忽视了政策的普遍应用性。因此如何制定适合抚顺市的矿区土地政策是抚顺市转型发展的基础。徐州市是国内由资源型城市转型成功的典型案例,其矿区土地政策具有良好的借鉴意义。徐州市代表性的矿区土地政策如下。

(1)对已授权徐州矿物集团有限公司(简称徐矿集团)经营的土地,允许其作为法人资产,在本企业内转让、作价出资、出租、抵押。对改变土地用途的,应列入当地政府土地储备计划,公开上市出让,净收益由当地政府和徐矿集团按 1∶1 分享。[①]

(2)改制和国有产权转让时将划拨土地使用权按评估价的 40%作为需缴纳的土地出让金转入应付款科目，其余 60%与企业其他净资产一并公开挂牌转让，由改制后企业办理土地出让手续，取得国有出让土地使用权。[②]

(二)将第二产业的稳步接续作为第三产业腾飞的基础

徐州的转型发展是我国煤炭型城市转型发展的成功案例,对徐州转型发展进行梳理能够为抚顺未来发展提供实用的中国案例。

徐州是江苏省唯一一座资源型城市,全省的煤矿全部集中在这里,其中,90%属于徐矿集团。集团现有 25 个分公司、29 个全资(控股)子公司和 6 个事业法人单位,在岗职工 6.9 万人,年产煤炭 1500 万 t 以上,总资产 103 亿元,100 多年的煤炭开采史上曾有过辉煌,然而随着本地煤炭资源的日益枯竭和群众对环境要求的日益提高,这家老牌能源型企业与同行一样面临发展的"寒冬",粗放单一的发展模式难以为继,去产能、转型发展势在必行。

徐州市通过拓展煤炭产业链,开拓新空间,带领产业工人在阵痛中获得新生,2010 年以来,徐矿集团先后组建新能源、智能装备、新材料、机器人、3D 打印、电子商务、电动汽车等 7 个新兴产业项目,对产业工人分批次公开招聘和免费培训,面向下岗职工择优录用,有望帮助数千人实现新的就业。

另外,徐矿集团立足本业,积极参与和实施"蒙电苏送""疆电东送"等项目建设,合作开发建设大型煤电一体化项目,打造具有竞争力的煤电产业链,并抢抓"一带一路"机遇,有序推进在孟加拉国、埃塞俄比亚、印尼等国的境外能源项目,推动企业调优结构、调强产业的同时,开拓出异地消化安置职工的新路径。在转型期,徐州各年 GDP 均保持 10%以上的快速增长,实现了资源型城市快速发展的奇迹(图 3-14)。

徐州市的成功转型带来的启示是:第二产业的稳步接续是第三产业腾飞的基础,近几年徐州市旅游、教育、服务业取得了飞速发展,而在转型十年的初期,转型的重点是煤化工、装备制造等与煤炭产业相近的产业形式。第二产业接续有效地疏解了煤企关闭带来的工人失业浪潮,为第三产业的腾飞发展提供了基础。

[①] 《中共江苏省委、江苏省人民政府关于加快振兴徐州老工业基地的意见》苏发〔2008〕19 号。
[②] 《关于省属国有企业改制和国有产权转让中国划拨土地使用权处置的意见》苏政办发〔2006〕100 号。

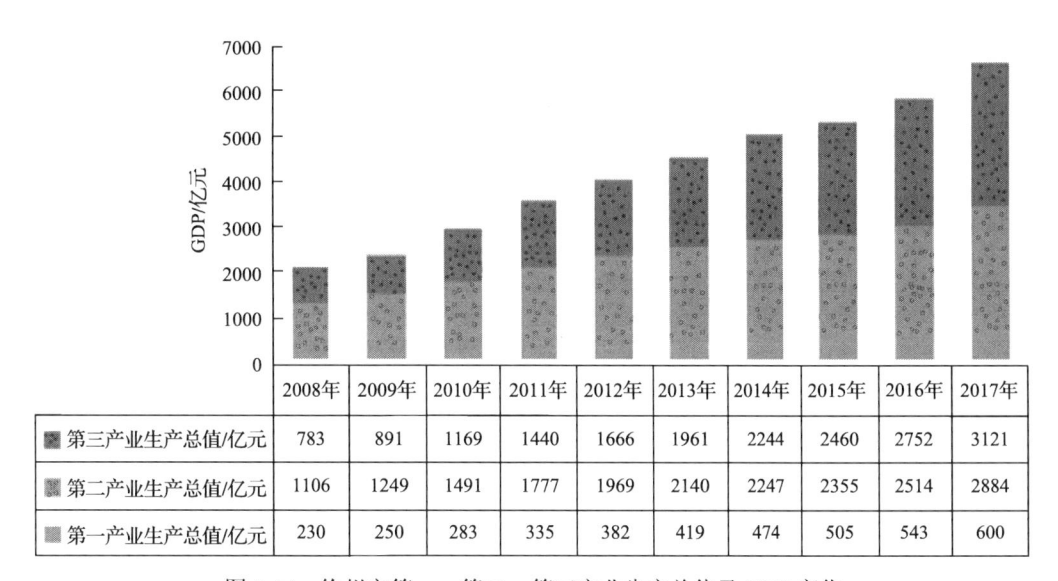

	2008年	2009年	2010年	2011年	2012年	2013年	2014年	2015年	2016年	2017年
■第三产业生产总值/亿元	783	891	1169	1440	1666	1961	2244	2460	2752	3121
▧第二产业生产总值/亿元	1106	1249	1491	1777	1969	2140	2247	2355	2514	2884
▨第一产业生产总值/亿元	230	250	283	335	382	419	474	505	543	600

图 3-14　徐州市第一、第二、第三产业生产总值及 GDP 变化

第四章

抚顺露天矿现状分析

第一节　抚顺露天矿及周边总体情况

抚顺市受煤炭开采严重影响的面积共达 66km²，其中井工采煤沉陷区面积 18.41km²，露天开采采煤矿坑面积 19.87km²，排土场占地面积 21.49km²（图 4-1）。

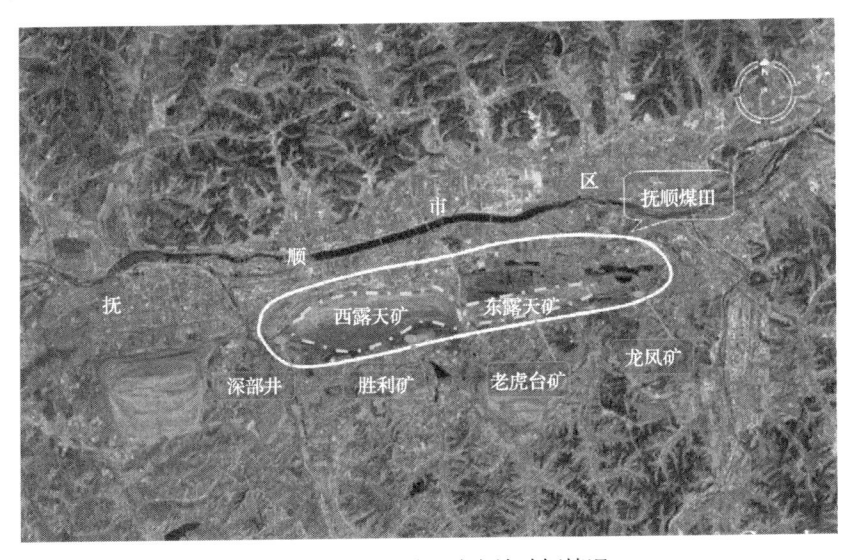

图 4-1　抚顺西露天矿土地破坏情况

一、抚顺西露天矿

1914 年抚顺西露天矿开建古城子第一露天采场，1917 年开建第二露天采场，1927 年开建杨柏露天采场，1938 年三处露天采场合并为一个露天采场。目前，抚顺西露天矿已经形成东西长 6.6km，南北宽 2.2km，面积 10.87km²，垂深 400～500m 的"亚洲第一大坑"。

据资料记载，1927 年至今，抚顺西露天矿共发生滑坡 90 余次，滑落体积约 5 亿 m³，破坏面积达 4.8km²。受露天采矿、原胜利矿井工采空区及断裂构造共同影响，抚顺西露天矿北帮部分地区地面变形严重，石油一厂、发电厂、水泥厂等一些大中型企业厂房设备和居民住宅遭到破坏。2005 年 8 月北帮出现两处滑坡；2006 年 6 月南阳路 24 号地区出现滑坡；2010 年石油一厂停产搬迁；2011 年抚顺发电厂停产搬迁；2013 年 4 月新抚区南阳街道南苑社区 29 委 3 组的居民房屋南墙忽然向南倾倒，出现滑落；2014 年出现边坡滑落；2016 年 7 月北帮出现局部大型滑坡，滑坡体面积约 0.089km²，体积约 313.6 万 m^3，危险区面积约 0.8816km²，562 位居民和 14 家企业被迫避险搬迁。目前，西露天矿北帮地质灾害影响区已达 3.99km²。

二、抚顺东露天矿

抚顺东露天矿东西长 6.0km（老虎台矿 4.0km，龙凤矿 2.0km），南北宽 1.5km，面积 9.0km²，于 1956 年 5 月开始建设，1960 年 1 月 1 日正式生产，主要开采和残采老虎台矿、龙凤矿本层煤的浅部煤层及上部油母页岩（富矿）。由于其南帮边坡岩层为顺层，南侧煤层较浅，软质凝灰岩在走向、倾向上分布不均，多为薄层和透镜体存在，对边坡稳定性有一定影响，加之第四系局部含淤泥质黏土、粉质黏土等厚度 2～10m 不等，力学强度较低，稳定性较差，目前已出现抚顺市锚链厂（虎北社区）、东洲区东露天矿南帮小新屯段（10#、11#、14#楼及抚顺矿区集体企业管理局三公司煤场）、万新街道西山社区 33#、34#楼等地的滑坡隐患。

三、排土场（舍场）

抚顺露天煤矿剥离生产排弃物堆积的排土场称为"舍场"，主要排土场有三处，占地总面积为 21.49km²，其中西排土场占地面积 11.44km²，东排土场占地面积 7.4km²，汪良排土场占地面积 2.65km²，累计堆积剥离排弃物 13.6 亿 m^3（图 4-2）。

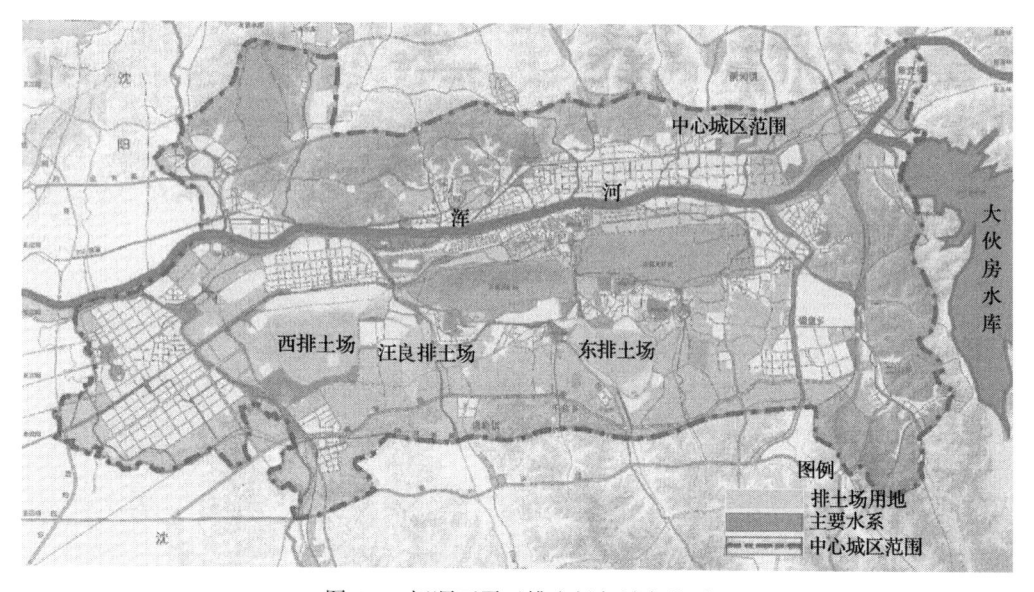

图 4-2　抚顺西露天排土场与城市关系

排土场均由煤矸石、剥离物、粉煤灰等废弃物堆存而成，长期堆放形成煤矸石山。煤矸石山由于没有得到及时处理与合理利用，占地面积大；露天堆放的煤矸石，在雨水及地表水的淋滤、溶解和自燃等条件作用下，将一些有害元素溶解、挥发至水体、土壤和大气中，从而造成水体污染、土壤污染、大气污染等；另外，由于堆高过高，煤矸石山存在排土场顶面地表不稳定、边坡滑移等现象。

第二节　抚顺市区地质灾害主要类型

一、滑坡

抚顺市区滑坡灾害集中发生在西露天矿采场北帮边坡和东露天矿采场南帮边坡地区，滑坡类型属于滑动面与斜层切层式和构造结构面卸荷复合型，既有大型滑坡体，也有中、小型滑坡体。在采矿活动和断层活化等因素作用下，抚顺市区已经成为滑坡灾害的多发区和重灾区，滑坡灾害正在威胁着城市居民生命财产安全和市区自然生态环境。

(一)西露天矿采场北帮滑坡体

1927 年，抚顺煤田西露天矿采场首次发生边坡滑坡，这次滑坡使运煤机车脱轨翻车，采场被迫停产。抚顺煤田滑坡台账统计资料记载，1935～1993 年，西露天矿采场边坡共发生 68 次滑坡。1960 年前，滑坡多发生在西露天矿采场南帮，北帮处于相对稳定状态；1960 年后，西露天矿采场北帮开始发生滑坡，南帮转入相对稳定状态。1984 年，抚顺煤田实施扩帮开采计划，三年后(1987 年)西露天矿采场北帮连续 4 次发生大规模边坡滑坡，滑坡体土石方量分别为 $114000m^3$、$40000m^3$、$20000m^3$ 及 $34000m^3$。1993 年 8 月，西露天矿采场北帮边坡又连续数次发生滑坡，给抚顺矿务局造成了重大的经济损失。

西露天矿采场北帮西区发生滑坡灾害频次最多且极不稳定的地段有：十三段站、小背斜区、一段站，滑坡面积已达 $0.635km^2$。西露天矿采场北帮中区发生边坡滑坡灾害的主要不稳定区位于矿区坐标 W650～W300、N650～N850，W100～E500、N850～N1100，E300～E1400、N850～N1100，E1700～E2000、N1000～N1100 处。由于西露天采场北帮东区远离 F_1、F_{1A}

断层带，地质构造条件相对简单，发生滑坡灾害的可能性较小，但仍潜伏着发生边坡岩体滑坡的危险性，其主要不稳定区位于矿区坐标 E2600～E3000 处。

(二)东露天矿采场南帮滑坡体

抚顺市属于资源枯竭型城市，受到党和政府的高度重视。2000 年国家计委批准实施东露天矿恢复开采工程项目，扶持抚顺市经济结构调整及工业转型计划。在东露天矿恢复开采工程项目牵动下，油母页岩炼油、油母页岩电站和煤层气开发等项目相继开工建设，传统能源工业逐步朝着新型能源工业转化。然而，随着东露天矿开始实施扩帮开采计划，一度相对稳定的采场南帮很快出现边坡变形及滑移现象。

2003 年 9 月 25 日凌晨，东露天矿采场南帮中区边坡突然发生滑塌，东洲区新屯街东泰社区两间平房、一间地下水沉淀池和一间养鱼池沉入塌陷坑中，塌陷坑垂直深度达 10m。经省、市专家现场检查认定，塌陷坑是东露天采场南帮全线开挖所致。与东洲区塌陷事故几乎同时，2003 年 10 月，位于东露天矿采场南帮南侧 40m 左右的龙凤矿住宅楼西边 1 号楼发生重大险情，至 11 月，采场南帮边坡滑坡造成 1 号楼楼体开裂、位移，楼内住户被迫搬迁，楼体被迫整体拆除。2004 年 6 月初，滑坡体再次出现明显位移，龙凤矿 2 号住宅楼险情加重，西北角两根桩基被拉断，西侧滑坡体上平房移动变形，后缘房屋陷落，2 号楼及危险区内所有平房被迫全部拆除。经初步测算，2003～2004 年东露天矿南帮中段东洲区新屯街东泰社区由滑坡灾害造成的直接经济损失达 2000 万元。

东露天矿采场原始地貌为向北倾斜的山坡，下伏地层为白垩系砂岩、泥岩、玄武岩等；上覆地层为第四系残坡积层，厚度为 0.3～2.5m；地表为人工堆积的废页岩，厚度为 0.5～16.0m。2004 年 6 月，抚顺市国土资源局环境处多次组织专家对滑坡体南侧边缘进行现场勘查。测算滑坡体面积约 30000m²，滑坡体后缘沉陷带宽约 10m，高差约 1.5m。

东露天矿采场南帮滑坡是由挖掘采场坡脚处土体而导致上覆松散层失去承载力造成的。这一事实说明，尽管目前东露天矿开采范围仅仅局限于采场南帮松散层附近，但已经引发了比较严重的滑坡灾害，如若再继续开采采场南帮深部含煤岩系，发生边坡滑坡的危险性必将继续增大。

二、地面变形

地面变形是由抚顺煤田采空区围岩重力牵引作用引发地面发生形变的一种地质灾害现象,抚顺市地面变形区集中分布在"两坑一陷"周围地区。本书主要以西露天矿北部石油一厂、抚顺发电厂等地面变形区作为重点勘查区。

抚顺石油一厂、抚顺发电厂和抚顺水泥厂始建于伪满洲时期,当时在西露天地区只查明了 F_1 断层,而没有发现 F_{1A} 断层,因此错将三个厂址选在了 F_{1A} 断层带上。厂区选址上的重大失误,给后来抚顺煤田开采留下了"压煤"问题,也给西露天矿采场北部地区的工业建设和居民生活埋下了地质灾害隐患。

经本次地质灾害现场勘查确认, F_1、 F_{1A} 等断层局部错断了西露天矿北帮岩体,石油一厂西部岩体出现了倾倒、滑移、变形迹象,东部岩体出现了变形、滑移、沉陷趋势,西露天矿扩帮开采和原胜利矿井工采空区使采场北帮岩体产生了递进式倾倒-滑移运动,沿西露天矿采场北部地区已经形成了面积达 $1.5km^2$ 的地面变形区,抚顺发电厂和抚顺水泥厂地面已经发生了明显的位移变形迹象。地面变形灾害已经迫使抚顺石油一厂部分厂房被迫搬迁,并且依旧威胁着两大厂区的建筑物及人员生命安全。

据地面变形观测资料分析,1959 年以前西露天采场北界距北部厂区较远,厂区地面未发生明显变形现象。1959~1984 年各厂区地面变形也较小,地基位置基本保持稳定。但 1984 年以后,西露天矿实施扩帮开采计划,导致采场北帮边界与北部厂区距离越来越近,各厂区地表水平位移量和垂直位移量均呈增大趋势,水平位移矢量均指向西露天矿采场方向。

(一)石油一厂地面变形特征

根据厂区地面变形观测资料,在厂区铁路以北地区,地面年均水平位移量和垂直位移量逐年减小,但水平位移和垂直位移累计总量逐年增大。在厂区铁路以南地段,地面年均水平位移量和垂直位移量由北向南逐年增加。以 2000 年的变形量和沉降量为基准,厂区西部变化量和沉降量逐年减小,厂区东部变化量和沉降量逐年增加,厂区总体位移趋势呈东偏南方向。

1. 西部厂区地面变形特征

1998 年西露天矿西区开采深度加大,采场北帮边坡地面变形影响范围向北部地区扩展，与回填土区相对应的石油一厂西部厂区地面发生沉陷变形，其特点如下：

（1）1999 年以前，即回填前期，西部厂区地面变形量由北向南逐渐增大，两端点变形量相差悬殊。

（2）1999～2000 年，即回填初期，受应变滞后效应影响，西部厂区地面变形量达到最大值。

（3）2001 年以后，随着回填区面积扩大，临空面面积减小，西部厂区地面下沉量同步减小。

2. 东部厂区地面变形特征

2000 年以前，东部厂区地面表现为整体均匀变形，由北向南变形量相差甚小。2000 年以后，西露天矿加大了东部采区的剥采量，与其对应的东部厂区地面下沉量增大了 10%～50%，地面出现不均匀沉降现象。

3. 中部厂区地面变形特征

中部厂区地面变形受西露天矿采掘、F_{1A} 断裂带和大气降水量综合因素影响。

1996 年，抚顺地区年降水量较大，中部厂区变形量明显增大。1997 年以后，抚顺地区年降水量明显减少，中部厂区变形量随之减小。2000 年后，西露天矿剥采工程东移，石油一厂逐渐出现了以中部厂区（消防楼至工会楼）为中心、向南呈喇叭状展布的地面沉降带，现已发展成为石油一厂位移变形量最大、变形增速最快的地段。

（二）抚顺发电厂地面变形特征

抚顺发电厂西与石油一厂接壤，南临西露天矿，对应西露天矿东采区。与抚顺石油一厂相比，抚顺发电厂地面整体位移变形量较小。据中国科学院地质研究所《抚顺发电厂一、二期技术改造项目工程地质可行性研究报告》，1990 年，西露天矿采场北帮边缘兴平路年下沉量 10mm；1995 年，由于该路段与采场北帮过渡带产生平行张裂隙而引发采场北帮边坡滑坡；1998 年，厂区最南端变形点下沉量达 9.84mm，1#机主厂房年最大下沉量达 7mm；2004 年 4 月，1#机主厂房年最大下沉量达 20.42mm，累计下沉量达 77.55mm，厂区最大下沉量达 42.11mm，累计最大下沉量达 167.93mm。

根据最近 10 年地表水平监测结果，厂区内 F_{1A} 断层持续拉开，地表位移量持续增大，地面建筑物破坏程度持续增强。1996 年投入使用的主办公楼墙体已经产生墙裂缝，墙裂缝宽度达 13mm；1996 年投入使用的 1#机主厂房南北向墙体产生了几十条墙裂缝，裂缝宽度达 1～10mm；2001 年 10 月厂区地面开始出现地裂缝，裂缝宽度达 10mm；2002 年投入使用的 2#机主厂房墙体产生了数条墙裂缝，墙裂缝宽度达 1～5mm；厂区累计位移变形量已达 144.92mm。

三、地面沉陷

(一)地面沉陷区范围

经过近百年地下井工开采作业，抚顺市区西起迎宾路、东至塔湾、北抵浑河、南到东露天采场范围内，已经形成了分布面积广泛的地下采空区，并形成了大范围的近似椭圆形的地面沉陷区。根据抚顺煤田采矿资料，老虎台采空区平面投影面积为 5.04km²，沉陷区面积为 8.77km²；龙凤矿采空区平面投影面积为 4.73km²，沉陷区面积为 8.12km²；市区采空区平面投影总面积为 9.77km²，总沉陷面积为 16.89km²。

(二)地面沉陷区特征

(1)抚顺市区地面沉陷区波及范围广泛，累计沉降量较大，经济损失沉重。近期调查结果证明，地面沉陷区最大沉降值已超过 10m，平均沉降值大于 1m。地面沉降造成大量淤积地表水，大面积农田受淹弃耕，直接经济损失已经超过 30 亿元。现在地面沉陷区内尚有居民 19736 户，人口 62751 人，学校 9 所，医院 1 所，公益性单位 19 个，重点服务性业户 28 户，工业企业 142 个，各类建筑物 2470000m²，农田 1.3 万亩，仍然处于地面沉陷威胁之中。

(2)地面沉陷区内非稳定区域呈逐年扩大趋势。解放后，抚顺煤田陆续开发了老虎台矿、龙凤矿、胜利矿、东露天矿、西露天矿和深部井等。龙凤矿、胜利矿和深部井已经闭坑，但老虎台矿和西露天矿还在继续生产，东露天矿也于 2000 年恢复开采。老虎台矿属于厚层煤分层开采，开采深度逐年增加，深部煤层产状逐年变缓，采场充填空间逐年变小，地表位移时间逐年延长，岩体应变滞后效应逐年增强，地面沉陷区内非稳定区域逐年扩大。

四、地裂缝

地裂缝是采场边坡滑移或地面沉陷过程中直达地表的线状开裂。它既可能是地质构造活动在地表形成的破裂痕迹,也可能是现代工程活动在地表形成的破裂痕迹,还可能是地质营力和人类工程活动共同作用在地表形成的破裂痕迹。

抚顺市区地裂缝主要分布于煤田沉陷区内,是井工开采和露天开采扰动上覆岩石土体后地面发生不均匀形变的产物。地裂缝-沉陷带与地面沉陷的根本区别在于前者表现为非均匀性沉降特征,而后者表现为均匀性沉降特征。一般来说,地裂缝-沉陷带下沉幅度明显大于其两侧地面,是对市区地面影响范围最广、破坏性最强的地段。从抚顺市区地裂缝-沉陷带空间分布位置分析,地面沉陷区边缘通常是地面差异性沉降幅度最大的地段,也是大型地裂缝-沉陷带集中分布的地段。而在地面沉陷速率比较均匀的地区,地裂缝-沉陷带规模及发育程度普遍较低。地裂缝破坏性局限于其分布范围内,对远离地裂缝的地面建筑物不构成明显的辐射作用。在横向上,主要地裂缝破坏性最强,向其两侧破坏性逐渐减弱,但上盘破坏性大于下盘;在垂向上,地裂缝向深部破坏性递减,向上部对地面建筑物和地表建筑工程破坏性较大。在地裂缝发育区,单一的直线型地裂缝破坏宽度相对较小,而斜列式或汇而不交的地裂缝破坏宽度较大。地裂缝发育过程往往从初始的单一地裂缝沿走向向两端扩展,从建筑物基础下部沉降沿垂向向上部拓展,最后发展成为危及其经由地段建筑物及其他建筑设施的地裂缝。按照地裂缝出现的地理位置和破坏程度,从煤田西部至东部可以划分出五条地裂缝。

(一)石油一厂—发电厂地裂缝

石油一厂—发电厂地裂缝位于西露天矿采场北帮上部 F_{1A} 断层带上,属于斜列式地裂缝破坏带。该地裂缝东起抚顺发电厂,向西穿过抚顺石油一厂(西部石油一厂厂区内)至厂区西端,长约 1650m,两端延长不清,宽 40~80m,是一条西宽东窄的地面沉陷带。根据野外现场观察,当西露天矿超强度采矿或出现强降雨时,该地裂缝所经由的地面时常发生比较强烈的地面沉陷变形,并对地面建筑设施构成严重破坏。例如,抚顺石油一厂东西部干馏设备俱遭损坏,抚顺发电厂 13 座冷却塔发生塔体变形。

(二)千金小学—原市公安局大楼地裂缝

千金小学—原市公安局大楼地裂缝位于 F_{1A} 北侧约 140m 处的 F_{41} 断层通过部位(坐标：$X\ 4635996$，$Y\ 41573716 \sim X\ 4636070$，$Y\ 41574204$)，长约 500m，两端延长不清，属于斜列直线式破坏带。1984 年，受该地裂缝带状沉陷作用影响，千金小学教学楼及东侧住宅楼墙体开裂，住宅楼墙体最大开裂宽度达 12cm，门窗无法开启，住户被迫搬迁，小学教学楼被迫异地重建，解放路设计院 73-1 号楼也被迫拆迁重建。但近几年该地裂缝没有发生明显的活化迹象，说明受西露天矿采矿活动和季节性变化影响较弱。

(三)礼泉路地裂缝

礼泉路地裂缝位于抚顺市新抚区公园一校—安康街—略阳街一带，走向北东东，属于直线式地裂缝破坏带。该地裂缝长约 1400m，宽约 10m。2000 年 8～9 月，该地裂缝通过地区至略阳街地面发生开裂下沉，一幢楼房从上至下出现多条平行墙裂缝，裂缝长数十厘米至几米，宽 1～10mm。2002 年，略阳街地面又开裂下沉，部分市政住宅楼被迫拆除，抚顺百货大楼住宅楼被迫整体拆除，浑河南路 14-3 号挖掘机厂住宅楼住户和礼泉路 9 号挖掘机厂 A 号住宅楼三单元住户被迫迁出，区内自来水管、煤气管道等发生破裂或断裂。至 2005 年 8 月，略阳街地区仍在发生地面沉陷变形。

(四)原抚顺电瓷厂—榆林小区地裂缝带

原抚顺电瓷厂—榆林小区地裂缝带位于地面沉陷区北侧，受 F_{39} 断层控制，属于斜列式地裂缝带。该地裂缝从抚顺电瓷厂厂区向东延伸入榆林小区，长约 1340m，宽 5～10m。在该地裂缝带经过的电瓷厂厂房及外墙体产生近于直立的墙体裂缝，裂缝宽 5～20mm。2000 年入住的榆林小区 4#、5#、7# 住宅楼内外墙体出现大批竖向及斜向裂缝。中国地震局工程力学研究所研究认为，墙体产生裂缝不是建筑工程质量问题，而是由通过该区的地下隐断层(F_{39})发生活化所致。目前，该地裂缝带依然处于不稳定状态。

(五)东林五路—抚顺电瓷厂地裂缝

东林五路—抚顺电瓷厂地裂缝位于采煤沉陷区内，受 F_{1A} 断层控制，属于斜列式地裂缝带。该地裂缝带西起东林一街路段，长 1192m，宽 5~20m。在地裂缝带状沉陷区内，东林街五路地区地面发生下降沉陷，东林四街楼房和电瓷厂厂房建筑物墙体产生裂缝，最大裂缝宽度达 0.12m。

五、地面塌陷

地面塌陷是在自然因素或人为因素作用下，地表岩石、土体发生断错坍塌的一种地质灾害现象，具有长期性、隐蔽性和突发性的特点，通常很难对其发生的具体时间和具体地点做出准确预测。由地面塌陷形成的地质灾害常见的有塌陷坑、塌陷洞、塌陷槽等。抚顺市区地面塌陷主要与地下采煤、地下管网、人防工程或其他大型地下工程活动相关。

(1)1958 年春，现实验小学西侧地面发生地面塌陷，两间半平房陷入地下，造成五死一伤的人员伤亡事故。

(2)2000 年 1 月 3 日，榆林苗圃青年路以南 100m 处地面发生塌陷，在十几分钟内形成长 80m、宽 40m、深 20m 的塌陷坑，八户民房和两个民办小厂陷入其内，31 间房屋倒塌，108 户居民被迫搬迁，一条主要交通干线(青年路)被迫中断，直接经济损失达 100 余万元。

(3)2003 年 7 月 29 日凌晨，东洲区搭连二街新苑社区发生塌陷，塌陷坑长 23m，宽 18m，最深时达 23.5m，回填土石方达 2199m^3。由于发现及时并采取了整治措施，此次塌陷事故没有造成人员伤亡和财产损失。物探浅震和高密度测量显示，新苑社区东部和东洲区实验小学一带深部地质条件与塌陷坑所在区相同，存在突发地面塌陷的危险。

(4)2004 年 6 月 28 日，煤都路搭连电车站地面发生塌陷。塌陷坑长 2.2m，宽 1.8m，深 3.0m。塌陷起因与搭连二街新苑社区相同，也是由于发现及时而没有造成人员伤亡和财产损失。

六、矿震

矿震是人类采矿活动改变岩石地质体结构、引发局部地应力集中释放的一种地质现象。抚顺煤田煤层厚，煤层气含量高，开采规模大，矿震震源浅、频率高、强度大。从 1933 年发生第一次矿震开始，抚顺煤田矿震频次逐年增多，矿震震级逐年升高。20 世纪 70 年代，矿震频次为 300~500 次/a，最大震级为 2.5 级。2001 年煤田矿震频次增至 7000 余次/a，发生 3.0 级以上矿震 13 次，最大震级达 3.6 级；2002 年发生 3.0 级以上矿震 21 次，最大震级达 3.7 级；2003～2005 年，矿震频次和震级略有下降，最大震级为 3.4 级。据煤田矿震统计资料，截至当前，由矿震造成的累计死亡人数已达 12 人，轻伤 33 人，重伤 1 人，直接经济损失达 757 万元。早期矿震波及范围局限于煤田部分地区，而现在范围已经扩展到抚顺全区，整个市区均处于高频度矿震环境中，可以说，煤田矿震已经成为威胁抚顺市区的主要地质灾害之一。从地质灾害勘查工作中了解到，煤田矿震已经导致抚顺市某些地区地面建筑物结构遭到破坏，如近期矿震导致抚顺火车站前和榆林地区几处建筑物墙体开裂，引起当地居民住户极度惊惧和恐慌。

据地震科研部门预测，随着抚顺煤田采掘纵向深度增加，矿震震级将不断提高，未来矿震震级可达 4.2 级，地震烈度可达 Ⅶ 度以上。抚顺市区居民稠密，石油、化工企业设施规模庞大，企事业单位分布集中，如果发生高震级矿震势必会造成重大人员伤害和经济损失。

第三节　抚顺露天矿治理现状分析

抚顺西露天矿矿山地质灾害区域之大(影响区面积达 $74km^2$)、与中心城区距离之近、对城市建成区破坏之重在全国乃至全世界范围内均属罕见。

抚顺西露天矿矿坑没有采煤作业，仅作为东露天矿的内排土场(图 4-3)，如果不进行开发利用，在非内排区域存在较大的滑坡风险。内排压帮是对边坡的永久性加固，对露天矿边坡问题起到标本兼治的作用。建议西部作为内排压帮区，减小边坡滑坡等地质灾害风险，增加城市固废处理空间；东部实

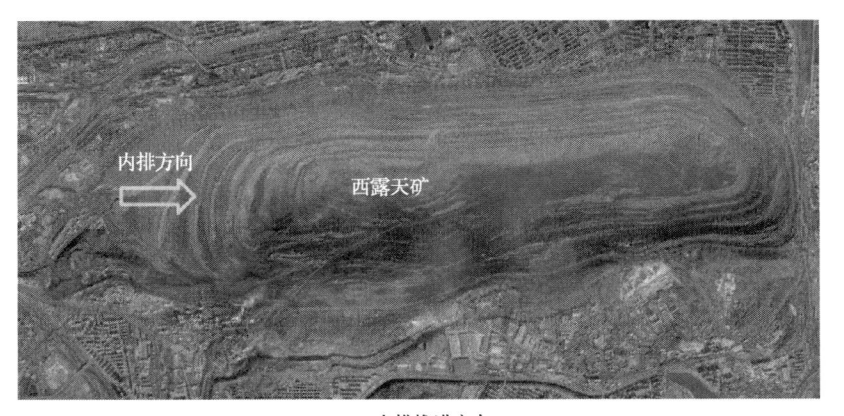

(a) 内排推进方向

(b) 内排作业

图 4-3 抚顺西露天矿内排情况

施分布式发电、油气储存等空间利用；中部变形集中区，做整治治理，实际性利用风险较高。整体建设为集工业、商业、仓储、创意文化、休闲娱乐、生态恢复为一体的新型露天矿坑、采煤沉陷综合治理示范区，成为资源型城市可持续发展示范市转型发展的核心产业承载地(图 4-4)。

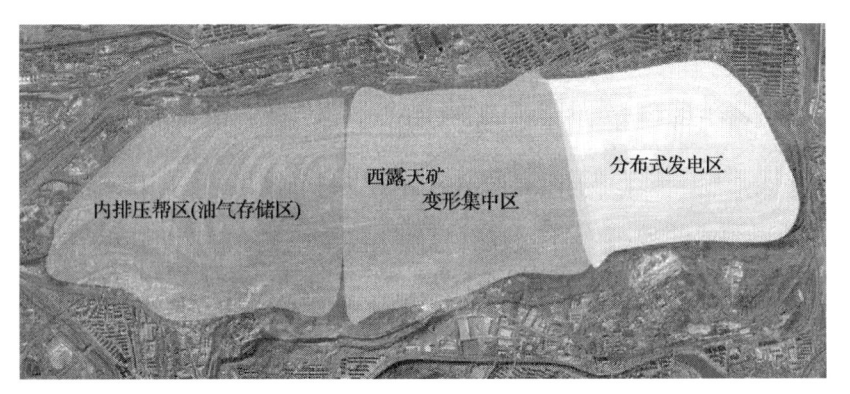

图 4-4 抚顺西露天矿功能分区

第五章

抚顺煤炭工业与城市演变

第一节　煤炭工业对抚顺城市演变的影响与作用

抚顺的城市发展经历了成长—成熟—衰退的发展周期，与矿业城市发展周期理论相吻合。它是典型的由煤炭单一产业带动而形成的城市，因此城市中的各项建设围绕煤炭工业进行，从而不断演变构成抚顺的整体发展轮廓。而这些围绕煤炭工业的城市建设活动，也最终直观地表征在城市空间上，反映了煤炭工业对抚顺城市的显著影响。千金寨、老虎台、杨柏堡坑的开采，开启了抚顺大规模煤炭开发的序幕，后来日本人又按照其开发计划相继开凿了东乡、大山两个竖井(原胜利矿东西坑)、古城子露天崛、第二露天崛和杨柏堡露天崛(后并为西露天矿)、龙凤竖井，截至 1928 年总开矿占地面积高达约 8.8 万亩，而这种煤炭开采活动也使抚顺的各大煤矿在城市中逐渐形成散点式的布局。建国以后，国家致力于将抚顺打造成为以燃料、动力、原材料工业为主的综合型重工业城市，通过煤矿的新建和扩建，原有的煤矿和矿坑逐渐形成一种带状的布局结构。20 世纪 80 年代以后，煤炭工业虽然已逐渐衰弱，但依然影响着城市的整体发展方向，城市的发展中心从浑河北侧再次向南侧转移，工业与生活交错的情况进一步强化。经过一百多年的发展，煤炭工业对城市发展的影响日益突显，以"保城限采"政策的提出为起点，抚顺正式开始了由工业基地向综合性城市的转型。

一、抚顺煤炭工业对城市演变的影响

抚顺市是因煤而城的典型城市之一，也因为煤炭工业的发展成为我国煤炭资源型城市之一，煤炭工业为城市发展和国家工业的发展提供了大量的能源。通过煤矿的建设和矿区的不断扩大与联结，与城市不同元素之间发生直接或间接的关系，引导城市产业、人口、空间等方面的发展，推动城市的演变。从早期较易开采的露头煤开始，最早一批开采的地区是千金寨、杨柏堡和老虎台三处，以此为开端，煤炭工业与城市发展的模式经历了以下几个阶段。

(1)早期的煤炭工业的集聚模式，是在便于开采的地区形成早期的矿区，最著名的就是千金寨地区。此阶段，矿区与城市的关系是各自独立又紧密联系的。

(2)新中国成立以后摆脱了战争的影响，进入城市新的发展时期。这期间，城市发展受到政策导向及城市发展定位的引导，强化了煤炭工业的主导

地位。为提高生产效率，扩大矿区规模，各矿区逐渐联结，例如，西露天矿是由以往的三个矿区联结而成的，形态较为完整，逐渐摆脱散点布局的形态。同时引导城市的发展形态，城市空间在老城区的基础上开始开发新的生活区。

（3）城市发展问题在空间上表现出"矿在城中，城在煤上"的特征，但是从城市管理的角度，则表现出城市和企业管理的分离，企业社会特征明显。从1982年抚顺市总体规划中可以看出，城市生活区已规划向浑河北侧发展，实行"矿城分离"。但是由于抚顺煤矿的特殊性，已形成的露天矿坑、各大煤矿发展多年，且仍然属于劳动密集型产业，因此在1996年的规划中仍然将发展重心放在浑河南侧，使城市发展难以摆脱煤炭工业发展的制约，城市发展仍然适应煤炭工业发展的轨迹，矿在城中的现象更加明显。

二、抚顺煤炭工业对城市演变的作用途径

煤炭工业促进了抚顺城市的形成，抚顺市也因此成为我国第一批因煤而城的城市中的代表，是我国第一批煤炭资源型城市之一。煤炭工业曾经长期作为抚顺市的主导产业，在各个方面影响着城市建设和发展。其对城市产业、交通、土地利用、社会空间等方面的影响引发着城市空间布局的走向，但这种影响具有不同的阶段特征。从1905年日本人侵占抚顺开始到20世纪60年代左右，城市的建设基本上围绕煤炭工业进行；而60年代以后，随着"保城限采"、主导产业逐渐更替等，煤炭工业对于城市的影响主要在于采煤活动所形成的矿坑、塌陷地、排土场、工人村等；到20世纪60年代末，煤炭工业对城市的影响已主要集中在空间层面。总体来说，煤炭工业主要通过以下几个方面影响城市的演变过程。

（一）产业

1. 煤炭工业引导其他门类工业发展

抚顺煤炭工业对城市其他产业的影响首先开始于煤炭开采规模的扩大和采煤机械的使用，以及运煤铁路的电气化，因其增加了电力需求，刺激了电力工业的发展，从1908年大山发电所建设到1942年，电力工业已经发展到装机容量29万kW的规模。抚顺煤田西露天矿的开采产生大量作为剥离层而存在的油母页岩，由于当时对液体燃料的需求，且炼油后的油母页岩废渣可作为矿井开采后的填充材料，这些因素都促进了抚顺市油母页岩炼油工

业的发展。另外，抚顺煤田的大规模开发及相关工业的发展对机械设备制造与修理行业的发展提出了要求，促使机械制造工业成长为重要产业之一。至解放前夕，电力、石油、机械工业的发展，已经奠定了抚顺工业区域空间格局的基础。新中国成立后，电力、石油、冶金、建材等原材料工业进一步扩大[10]。大规模的煤炭开采所发展起来的工业门类，已经使抚顺市初步具备产业多样化的基础，并作为城市产业转型的条件，从 20 世纪 80 年代以后，石油化工业已经逐渐成为抚顺市的主导产业。

2. 工业多样化与城市空间演变

在抚顺煤炭工业的带动下，城市整体工业逐步形成多元化的结构，并在城市空间上进行反应。在日本人占领抚顺期间，石油及煤炭附属产业的建设极为广泛，人造石油，以及特殊钢铁、火力发电、火药工业、运输事业、电力工业、机械工业、化学工业、水泥工业、制铝工业等多种产业逐渐发展起来，厂区规模也逐渐扩大，并大多分布于抚顺矿区周围(图 5-1)，依托道路交通网进行联系。这种工业结构的建立，为抚顺物流、仓储、金融、商务等多种城市功能的发展奠定了基础，促进了这些服务业在城市内的集聚和融合。抚顺市通过以煤炭工业为中心的重工业及其相关附属事业的建设，激发了城市功能的扩展，使城市由单一的煤炭资源型性质变得有了综合型城市的一些特征，其工业多样化和城市功能的拓展在空间上反映出的是这些用地的迅速扩张，以及城市建成区面积的不断扩大。

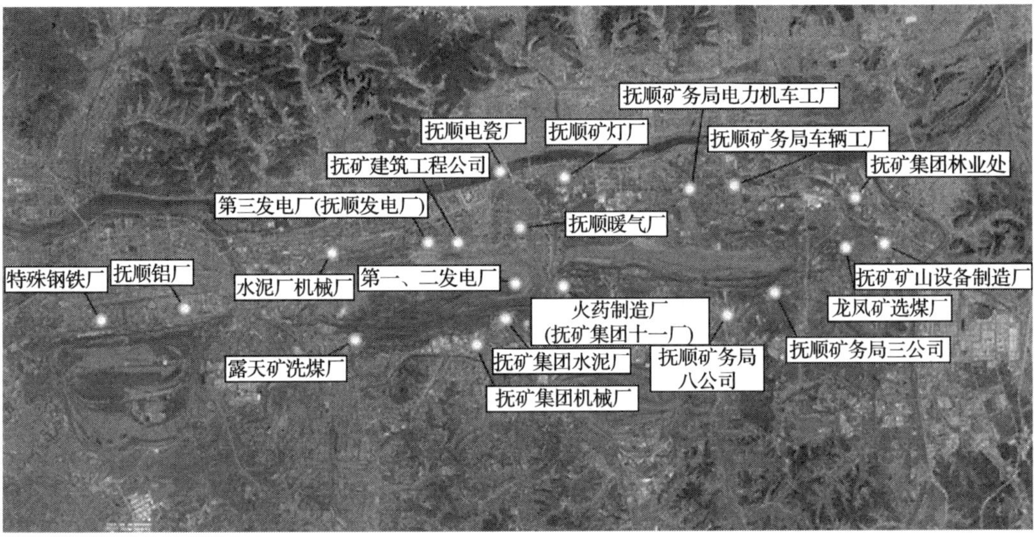

图 5-1　抚顺矿区主要工业企业分布图

（二）道路交通

抚顺市由最初的工矿点式的城市布局，通过工矿点的扩张和整合逐渐演变为相对集中的联结发展的模式，期间城市的道路交通根据煤炭工业的发展扩张而扩张，并与其在发展方向上基本保持一致——向东西方向延伸，构成整个城市的骨架。经过城市交通路网的完善，又对城市总体布局发生影响，使城市各种功能用地依道路网分布，即抚顺城市道路网随着煤炭工业建设支撑起城市整体形态布局。

本节基于 Depthmap10.0 软件，利用空间句法的轴线分析，得出颜色由深到浅表示集成度由高到低的全局和局部集成度图，通过集成度的可视化展示探究道路的空间演变[11]（表 5-1）。

表 5-1　抚顺各时期道路集成度变化

年代	空间句法图	演化图
20 世纪 30 年代		
20 世纪 50 年代		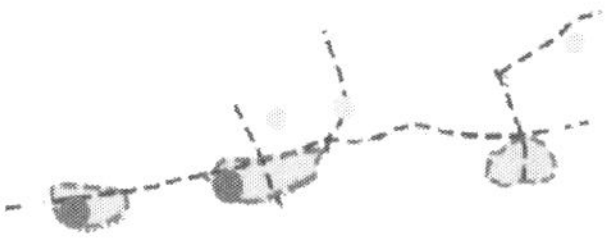
20 世纪 80 年代		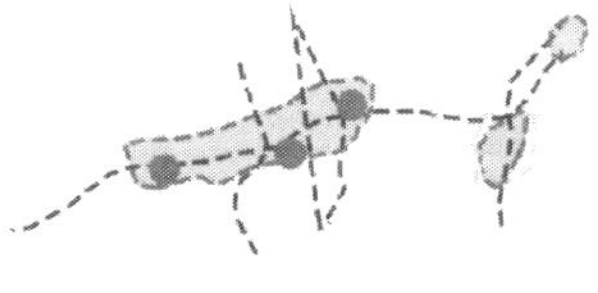
21 世纪初	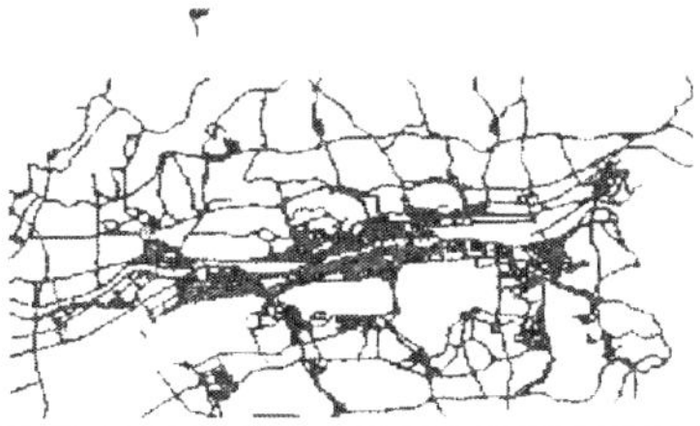	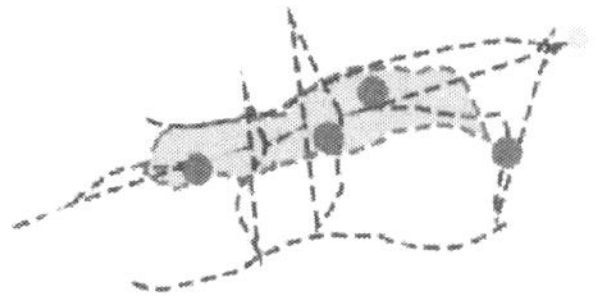
当代	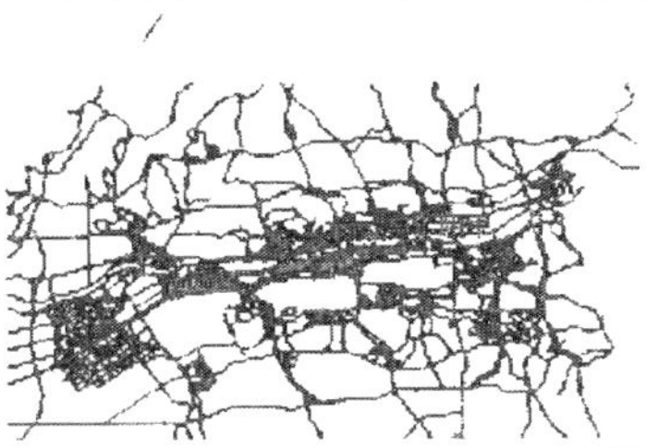	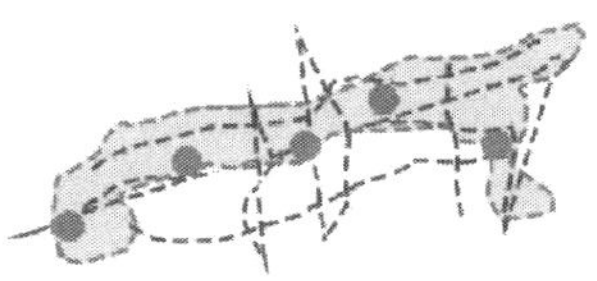

1. 20 世纪 30 年代

日本人以千金寨地区的开发为起点,逐渐对抚顺煤炭资源进行掠夺,围绕矿区的建设,对城区开始进行整体性的规划。后来经过了千金寨地区的迁移,日本人对城区的规划更加全面,但这大部分只针对日本人居住区,对中国人居住区基本没有考虑。在千金寨迁移之前,日本人聚居区内的道路规划较为规整,而中国人居住区主要由南北向两条主干路与旧区相连,东西向新设两条路作为横向联系。千金寨迁移后,以永安台为中心布置放射环状道路,其他主要道路为中央大街、永安大街、千金大街、东四路、西五路等,集中布置了城市商业区、公共服务区等,同时在杨柏河西岸一带布置工业区,以发电厂、制油工厂等重工业为主,此时的道路整体集成度也以商业区、工业区两大区域为最高,道路组织形式较为简单,与工矿点式的城市发展模式基本一致。

2. 20 世纪 50～80 年代

在这一时期,城市南部的矿区规模越来越大,已形成的西露天矿坑、扩张中的东露天矿坑,以及老虎台、龙凤矿等井工矿形成了成熟的社区,这些区域在空间上逐渐形成东西向的带状布局,城市建成区面积迅速扩大,并由于矿区和自然地理条件的限制,城市发展呈现带状模式,此时城市中心区和工业区的道路连接度仍然较高。但因为长期战争的影响和矿区面积的扩大,抚顺城市功能萎缩、工业布局不合理、环境污染严重、大面积压煤等问题越发突出,所以抚顺开始实行"矿城分离"的发展模式,将城市中心逐渐由站前地区向浑河北岸的二道房附近转移,并开始望花区中心、东洲区中心等地区的建设,在市政方面也建设了横跨浑河的大桥和公交线路。

这些变化也在城市道路布局中得到反映:首先,在浑河北岸开始出现路网的集中,但集成度并不高;其次,由于矿区发展规模的扩大并向东西方向延伸,城市道路沿东西轴线延长,在西露天矿附近和望花区附近的道路集成度较高;最后,道路网在横向延长的基础上,开始出现南北轴线的延伸,连接浑河南北区域。

3. 21 世纪初

这一时期抚顺的工业呈现多元化的发展趋势,城市南部以东、西露天矿坑为中心,周边沿东西轴线布置工业区及居住用地,此时在城市北部和南部的路网延伸明显,城市建成区面积迅速扩大,路网结构更加完善,城市东部、西部及北部的路网集中度逐渐提高,但仍然以西露天矿周围、望花区、老城中心位置的路网集中度最高。

4. 当代

随着东、西露天矿坑的到界,城市南部矿区规模逐渐稳定,东露天矿北侧道路集中度有所提高。这一时期城市建成区面积不再有明显的增加,城市路网在以往基础上进行升级,整体集中度有所提高,说明正在开展有力的城市建设。由于煤炭工业长期发展所带来的城市问题逐渐限制了城市发展的各个方面,抚顺正在进行城市转型,"沈抚同城"的发展战略使城市发展逐渐转向区域发展[12],因此抚顺经济开发区成为抚顺城市开发的新重点,从城市道路集中度方面也可以发现,在经济开发区内的道路集中度正在升高。

通过以上空间句法对抚顺道路交通的分析可以看出,经过一百多年的发展,城市以煤炭工业发展为起点,逐渐带动着其他产业的形成和发展,并逐渐完善着城市功能。期间城市道路根据城市发展的走向由连接城市和矿区为主,向东西方向延伸,结合城市发展重心的转移,使道路网出现纵向连接的趋势,后随着城市建成区的扩大逐渐完善。

从20世纪30年代以来,路网的整体集中度变化并不十分明显,最集中的区域大多分布于西露天矿周边、望花区和站前区域,这是由于虽然城市发展过程中经过各种发展重心的讨论和实践,但以煤炭工业为重点的发展方向并未完全改变,虽然其在20世纪70年代左右逐渐衰落,但对城市的影响已十分深远。结合城市总体规划进行分析,道路集中度较高的区域大多是城市的工业用地集中的区域,而道路集中度较低的区域大多是城市的居住用地集中的区域。

(三)土地利用

煤炭工业作为抚顺市最重要的产业之一,潜移默化地影响着城市形态、功能和空间结构,其发展和扩张促使城市内部各种用地结构进行调整和改变,推动城市演化过程。煤炭工业对城市土地利用方面的影响主要基于其以下两个特征。

(1)影响区范围。根据抚顺煤炭工业与城市发展历程可知,城市的南部矿区在早期的以工矿点为根据的扩张基础上，范围逐渐扩大，目前东、西露天矿仍然在采，虽然其空间范围在 21 世纪初基本趋于稳定，但煤炭开采所导致的影响区范围也在不断扩张，因此城市南部工业区范围内的一些企业进行了搬迁或用地性质的转换。

(2)矿区位置。抚顺城市发展的轨迹与其他煤炭资源型城市有所不同，早期矿区与城市在空间关系上是相对分离的，但经过一百多年的发展，其矿区的相对位置没有发生变化，反而在形态上逐渐形成带状，城市发展的方向也在矿区发展轴线的带动下向东西延伸，形成带状布局，矿在城中。由于这种地理上的特征，抚顺矿区拓展方向只局限于城市南侧，一些城市功能更多是为矿区发展服务，整个南部工业区也以矿区发展为主，即矿区发展挤压了城市土地发展空间，因此，矿区内的一些居住和非建设用地转换成了工业用地，并进行了重组和整合。

由于抚顺矿区的以上两个特征，矿区范围内的土地利用功能的转变大多是单方向的，如由居住用地转变为工业用地，或非建设用地转变为工业用地，这些用地的具体用途大多是建设与煤炭工业相关的企业厂区，而工业用地向其他用地类型的转变很少发生。同时，由于矿区影响区范围内存在安全隐患，许多企业和居民区进行了迁移。通过这样的土地利用性质的转换和企业迁移，城市矿区中的企业类型更加集中。

1. 居住→工业

抚顺煤炭工业持续在城市南部扩张，伴随着影响区的扩大，矿区内的居住用地逐步外迁，与工业用地进行置换。例如，在西露天矿西北角，目前分布着机械公司、电气制造公司、物流公司等不同类型的工业企业，而该地块在 2006 年仍然是大片的棚户区，在十几年的发展过程中逐渐完成了居住区的搬迁和工业企业的新建。从 1996 年版规划现状图和 2011 年版规划现状图的对比中也可以发现，用地性质从以往的居住用地改变为现状工业用地，并逐渐形成工业、仓储、物流用地的组团(表 5-2)。

2. 非建设用地→工业

随着煤炭工业的发展和其产业链的延伸，并基于其地理位置上的相对固定，煤炭产业厂区和其配套产业在空间上的扩张方向主要在城市南部。除了居住区的外迁和工业厂房的新建，工业扩展也占据着曾经的城市非建设用

表5-2　抚顺居住→工业土地功能置换

2006 年	2016 年
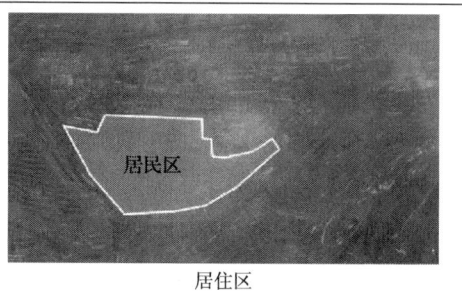	
居住区	工业组团
1996 年版规划现状图	2011 年版规划现状图
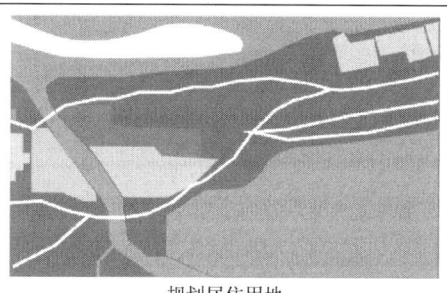	
规划居住用地	规划工业、物流仓储用地

地。例如，位于东露天矿坑东南侧的抚顺矿区三公司和中汇矿业有限责任公司用地，2006 年该用地仍为非建设用地，但随着煤炭工业的发展扩大，新建了矿业厂区和厂房，周围仍然是破旧的矿区住宅，整个区域体现出工居混杂的空间特征，虽然工业设施完备，但是居住设施十分简陋(表5-3)。

表5-3　抚顺非建设用地→工业土地功能置换

2006 年	2016 年
	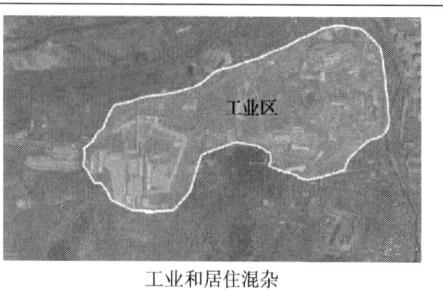
非建设用地	工业和居住混杂

　　煤炭工业在抚顺城市发展中扮演着重要的角色，是城市空间演变的源头，特别是南部矿区的变化所引起的工业集聚和其他用地功能的重构，不断推动城市土地利用功能的演变。在 1996 年版规划中，居住用地、公共服务

设施用地、工业及仓储用地、市政设施用地、绿地分别占城市建设用地面积的 26.85%、7.84%、34.44%、4.67%及 16.99%[13]，而在现状城市建设用地中，工业及仓储用地的增长幅度最大，为 3.59 个百分点(表 5-4)。作为城市工业重要组成部分的矿区，在其中发挥着重要的基础作用，引导着城市工业的发展和用地结构的变化。另外，从 1996 年版规划和现状用地结构对比中可以看出，居住和公共服务设施用地面积增长较慢，而市政设施用地和绿地呈现下降趋势，绿地占城市建设用地比例下降最为明显，抚顺以产业为中心的城市发展方向并未明显改变。

表 5-4 抚顺城市用地功能变化

用地类型	占城市建设用地比例/%		
	1996 年版规划	现状	增长百分点
居住用地	26.85	28.63	1.78
公共服务设施用地	7.84	9.69	1.85
工业及仓储用地	34.44	38.03	3.59
市政设施用地	4.67	2.26	−2.41
绿地	16.99	4.22	−12.77

资料来源：《抚顺市城市总体规划(2011—2020 年)》。

抚顺煤炭工业对城市发展演变所起的作用主要是通过以下三个方面实现的：

(1)基于煤炭资源的基础性作用，体现在由于煤炭工业的发展所带动的抚顺其他工业部门的发展，如电力、冶金、建材等，影响着城市产业结构的变化。

(2)基于围绕煤炭工业所进行的城市建设，如居住、交通、仓储等城市功能的配置，这些虽然丰富和加强了城市其他功能的发展，但同时也强化了煤炭工业的主导地位。

(3)通过矿城关系的错位化，影响城市整体的空间布局。尤其是在殖民统治时期和计划经济时期，矿大于城的发展方式明显，随着煤炭工业的快速发展，各个工矿点逐渐形成独立的社区，进而形成带状的形态结构，在空间布局、土地利用等方面影响着城市发展进程。

总体来说，抚顺城市的发展演变过程与煤炭工业的发展曲线基本吻合[14]，在煤炭工业衰退后，其留下的露天矿坑、采煤塌陷地、舍场等主要在空间方面影响城市的转型进程。

第二节 抚顺煤炭工业与城市发展耦合

在整个 20 世纪的百年之中，抚顺几乎都以围绕矿区的城市建设为主要发展方式，煤炭工业在城市发展过程中发挥着重要作用。随着资源的大量消耗和煤炭工业的衰退，煤炭工业与城市发展之间的矛盾也越来越显著。20 世纪末，随着国家政策的指导和城市发展理念的深入，抚顺进入城市转型期，城市发展模式开始由围绕矿区的城市发展建设向城市整体质量的提升转变。目前，抚顺的产业结构多元化特征逐渐显现，城市其他功能正在经历主动配置与增长的阶段，煤炭工业对城市发展的影响较以往相比已有很大减弱，已不再是城市主要的经济增长点，而只是作为城市工业体系之中的一种发挥其基础作用。

随着城市发展方式的转变，城市转型的主要问题在于解决因煤炭工业发展而产生的社会和环境等遗留问题。本章首先通过选取转型期内煤炭工业和城市发展的相关经济数据，进而建立二者之间的耦合协调模型，并根据分析结果指出在城市转型期内煤炭工业与城市发展的关系，在此基础上提出抚顺的城市发展问题及对策建议。

一、煤炭工业与城市发展耦合评价模型

(一)综合评价指数模型

煤炭和城市是不同但彼此影响的两个系统，因此首先运用综合评价指数，计算两个系统各自的综合发展水平。计算公式为

$$U_{i=1,2} = \sum_{j=1}^{n} w_{ij} x_{ij}, \sum_{j=1}^{m} w_{ij} = 1 \qquad (5\text{-}1)$$

式中，U_i 为煤炭产业和城市发展共同的综合评价指数，U_1 为煤炭产业发展的综合评价指数，U_2 为抚顺市发展综合评价指数；w_{ij} 为这些指数的权重；x_{ij} 为指标相应指数[15]。

(二)耦合度模型

通过这种模型可以对特定煤炭资源型城市中的支柱产业——煤炭产业

与该城市的整体发展之间的耦合度进行测量，耦合度 C 的计算公式为

$$C = \left\{ (U_1 \times U_2) / \left[(U_1 + U_2)(U_1 + U_2) \right] \right\} / 2 \qquad (5\text{-}2)$$

式中，C 为煤炭工业与煤炭资源型城市之间发展耦合度；U_1 和 U_2 分别为煤炭工业和城市发展的综合评价指数[16]。这种测度模型能够比较直观地体现出煤炭资源型城市的支柱产业与城市本身发展的耦合度。

(三)耦合协调度模型

这种模型是为了弥补上述耦合度模型在解释特殊情况时的不足，这些特殊的情况主要是由耦合度的过度简化公式造成的，因为如果煤炭产业与资源型城市二者的发展水平都比较低，那么它们之间也会得出一个较高的耦合度数值，耦合协调度模型进一步优化了上述模型，能够更客观地反映现实。

$$D(x, y) = \sqrt{C \times T}$$
$$T = \alpha U_1 + \beta U_2 \qquad (5\text{-}3)$$

式中，α、β 为待定系数，代表产业与城市发展的权重，$\alpha + \beta = 1$，综合文献研究与专家意见，本书中 $\alpha = \beta = 0.5$。将上述公式中的 U_1 和 U_2 单独进行测量，得出煤炭资源型城市的支柱产业和城市整体发展的综合协调指数 T，它与耦合度的平方根 D 就是该城市发展与支柱产业之间的耦合协调度。

二、煤炭工业与城市发展的耦合协调度评价标准

根据相关研究，为了更加直观地体现出煤炭产业和煤炭资源型城市之间的关系，对两者间耦合协调度的评价标准进行量化，将它们划分为十个等级(表 5-5)。

表 5-5 煤炭产业与煤炭资源型城市耦合协调度量表

等级	极度失调	严重失调	中度失调	轻度失调	濒临失调
区间	0～0.1	0.1～0.2	0.2～0.3	0.3～0.4	0.4～0.5
等级	勉强协调	初级协调	中级协调	良好协调	优质协调
区间	0.5～0.6	0.6～0.7	0.7～0.8	0.8～0.9	0.9～1

为了验证上述评价标准的适用性，接下来将借鉴皮尔逊相关系数分析法和 SPSS 进一步计算和分析，论证煤炭产业和煤炭资源型城市指标之间的合

理性和相关性。基于研究对象，选取了抚顺市 2002～2016 年的相关指标进行检测和计算。

(一)指标数据的选择和处理

先对抚顺市 2002～2016 年的煤炭产业和城市发展相关的数据进行选择，为了确保结果的科学性，对这些数据指标进行标准化处理：

$$X'_{ij} = \frac{X_{ij} - \min\left(X_{1j}, X_{2j}, \cdots, X_{nj}\right)}{\max\left(X_{1j}, X_{2j}, \cdots, X_{nj}\right) - \min\left(X_{1j}, X_{2j}, \cdots, X_{nj}\right)} + 1 \quad i = 1, 2, \cdots, n; j = 1, 2, \cdots, p$$

$$(5\text{-}4)$$

对于越小越好的指标：

$$X'_{ij} = \frac{\max\left(X_{1j}, X_{2j}, \cdots, X_{nj}\right) - X_{ij}}{\max\left(X_{1j}, X_{2j}, \cdots, X_{nj}\right) - \min\left(X_{1j}, X_{2j}, \cdots, X_{nj}\right)} + 1 \quad i = 1, 2, \cdots, n; j = 1, 2, \cdots, p$$

$$(5\text{-}5)$$

为了方便起见，仍记非负化处理后的数据为 X_{ij}。

(二)指标权重确定的方法

选用相对客观的熵值赋权法作为权重计算方法，其具体步骤如下。

设 X_{ij} 表示 i 的第 j 个指标的数值(i=1, 2, 3,$\cdots$, n; j=1, 2, 3,$\cdots$, p)，其中，n 和 p 分别为样本个数与指标个数。

对指标作比重变换：

$$S_{ij} = \frac{X_{ij}}{\sum_{j=1}^{p} X_{ij}}$$

$$(5\text{-}6)$$

计算指标的熵值：

$$a_j = \frac{\max h_j}{h_j}$$

$$(5\text{-}7)$$

将熵值逆向化：

$$h_{ij} = -\sum_{i=1}^{n} S_{ij} \ln S_{ij}$$

$$(5\text{-}8)$$

计算指标的权重：

$$w_j = \frac{a_{ij}}{\sum_{j=1}^{p} a_j} \tag{5-9}$$

(三)确立评价指标

抚顺市煤炭产业与煤炭资源型城市耦合协调度的评价指标见表 5-6。

表 5-6 煤炭工业与抚顺城市发展耦合协调度评价指标

目标层	维度层	因素层	指标层
煤炭工业与城市发展的耦合协调度评价指标体系	煤炭工业发展	煤炭产品产量	原煤
			精洗煤
		煤炭开采规模	开拓进尺
			剥离量
		煤炭耗能	企业电力消耗
			原煤单位成本
		产业规模	利润
			劳动生产总值
			所属企业数量
			所属产业数量
	城市发展	产业发展	GDP
			第二产业增加值
			第二产业占 GDP 比重
			人均 GDP
			工业固体废物综合利用量

三、煤炭工业与城市发展的耦合分析

随着我国工业化和城市化的快速发展,以煤炭为主的采掘业作为城市第二产业初期发展的龙头产业,现在已经成为城市产业转型升级需要重点关注的对象。煤炭工业曾经是抚顺市的经济发展支柱,对抚顺整体发展的方方面面产生深刻影响,但在城市转型时期,煤炭工业逐渐式微,其本身对城市发展的影响已有明显减弱。通过以上对抚顺煤炭工业与城市发展耦合关系的评价方法与标准计算得出产业与城市发展相关数据,如表 5-7 所示。

根据 U_1、U_2 值计算得出耦合度 C 和综合协调指数 T 的值,进而计算得出耦合协调度 D 的值,并进行了耦合协调度等级评级(表 5-8)。从城市发展

表 5-7　煤炭产业与抚顺城市发展相关指数数据

年份	U_1	U_2	C	T	D
2002	0.131141974	0.006667201	0.214567773	0.068904587	0.021858747
2004	0.108393822	0.00891155	0.264948207	0.058652686	0.024148924
2006	0.188034229	0.01087725	0.227362147	0.099455739	0.051132382
2008	0.218396458	0.01585126	0.251176683	0.117123859	0.086546476
2010	0.064120377	0.02211558	0.436675489	0.043117979	0.035451484
2012	0.434068115	0.030770006	0.248622825	0.232419061	0.333906965
2014	0.352708627	0.032112411	0.276557661	0.192410519	0.283158112
2016	0.238015896	0.021983469	0.278213886	0.129999682	0.130810374

表 5-8　煤炭产业与抚顺城市发展耦合度与耦合协调度

年份	C	D	耦合协调度等级
2002	0.2146	0.0219	极度失调
2004	0.2649	0.0241	极度失调
2006	0.2274	0.0511	极度失调
2008	0.2512	0.0865	极度失调
2010	0.4367	0.0355	极度失调
2012	0.2486	0.3339	轻度失调
2014	0.2766	0.2832	中度失调
2016	0.2782	0.1308	严重失调

评价指数来看，发展呈上升的趋势，但城市发展评价指数从未高于煤炭工业发展评价指数，反映出煤炭工业的发展水平仍高于城市发展水平。通过耦合协调度 D 的值可以看出，2002～2010 年煤炭工业与城市发展之间极不协调，在 2010 年以后其值呈现上升趋势，虽然在 2012 年二者协调程度达到最高，但通过 D 值可看出二者仍处于轻度失调状态。2012 年以后二者协调度数值迅速下降，并在 2016 年达到严重失调的状态，抚顺煤炭工业与城市发展的矛盾可见一斑。这是由在城市转型时期，城市发展方式的改变与煤炭工业高耗能、高污染的产业特征及其长期对城市发展的影响所造成的。

从城市转型时期煤炭工业与城市发展综合评价指数变化趋势(图 5-2)分析可以发现，抚顺的煤炭工业发展经历了较大的波动起伏，整体呈现上升趋势，在 2010 年以前整体呈现低迷的状态，在 2010 年后才有所提升，但城市发展指数在这期间并没有明显的变化，曲线整体波动很小，综合评价指数曲线随着煤炭工业评价指数曲线的变化而变化。这表明抚顺的城市发展在此期间并未受到煤炭工业的影响而引发明显的城市变化,也说明煤炭工业对于抚顺城市发展的影响已经减弱。此外,根据城市转型时期抚顺煤炭工业与城市发展的耦合度与耦合协调度变化趋势(图 5-3)分析可知,二者呈现出反向发展特征,即城市发展与煤炭工业的耦合性越强,二者之间的耦合协调度越低,这表明抚顺煤炭工业的发展将阻碍城市的发展过程。

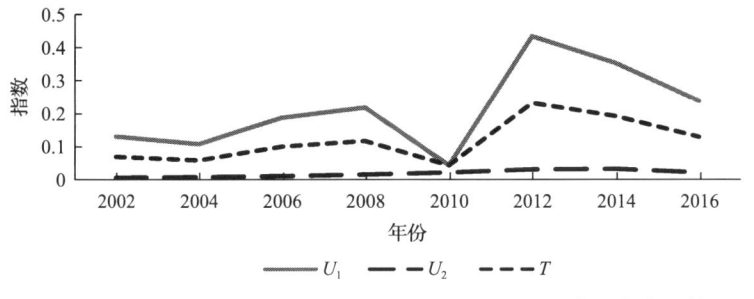

图 5-2 城市转型时期抚顺煤炭工业与城市发展综合评价指数变化趋势

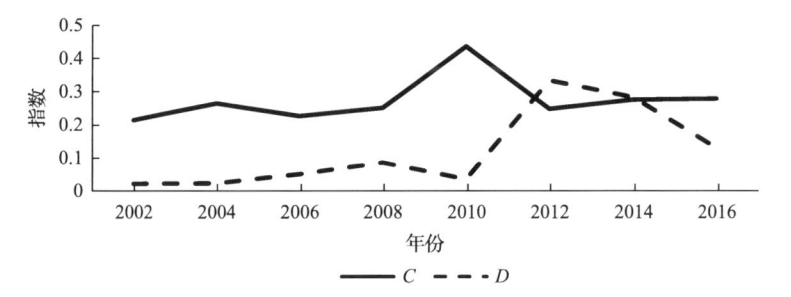

图 5-3 城市转型时期抚顺煤炭工业与城市发展耦合度与耦合协调度变化趋势

总体来说,通过抚顺煤炭工业与城市发展的历程可以看出,20 世纪 80 年代以前煤炭工业对城市演变的影响是巨大的,虽然煤炭工业在 80 年代以后经过一段时间的恢复后稳定发展,但已无法达到以往的水平,其对城市的影响也已逐渐减弱。由于抚顺市的很多资料在"文化大革命"时期已被销毁,统计资料并不完全,因此本次耦合协调关系模型选取的时间只集中在 2002～2016 年,即已处在后煤炭工业时期,并集中于经济方面。从模型的结果分析可以看出,煤炭工业本身对城市发展的影响较小,其与城市发展的耦合协调度很低,因此在一定程度上表明以煤炭工业为中心的发展模式将限制城市的发展过程,城市转型将是城市目前面临的主要问题。

第六章

抚顺露天矿资源开发与再利用

第一节　抚顺露天矿再工业化发展研究

一、接续产业发展潜力分析

(一)油页岩产业

能源是我国实现现代化进程中的重要物质，与国民经济发展息息相关。近年来，由于我国经济发展速度较快，石油供需矛盾日趋严重。为了弥补石油的不足，我国每年花费大量外汇进口原油，预计 2020 年石油缺口将占到消费总量的 50%。这种状况已直接制约了我国石油工业和以石油为原料的其他工业的发展。如何开发新的石油资源及寻找石油替代产品，已经引起了国内外的高度关注。抚顺矿业集团西露天矿实施利用油页岩生产页岩油项目，不仅可以使油页岩变废为宝，有利于西露天矿实现非煤产业的战略转移，而且为能源短缺提供了一个解决的途径。抚顺矿业集团东、西露天矿油页岩资源丰富，2006 年末油页岩富矿地质储量为 35 亿 t，仅东露天矿–390m 以上油页岩可采储量就高达 7.6 亿 t，平均含油率>7%，属优质油页岩。油母页岩埋藏在煤层的上部，是露天采煤过程中必须采出的剥离物。抚顺矿业集团是我国最早进行油页岩加工的企业，加工油页岩已有 10 多年历史，现有 9 部抚顺式炼油设备，设计能力 27 万 t，生产能力可达 30 万 t。西露天矿具有良好的开发条件，在露天矿转型阶段能够充当良好的接续产业，解决煤矿工人的就业问题，保障转型阶段抚顺市政府财政收入，为抚顺市进一步转型发展提供财政基础。

(二)油气储存产业

能源战略储备对于国民经济安全具有至关重要的意义，充足的能源储备可在国家能源供应受到外部因素影响时保证国家政治稳定和经济正常运行。能源储备在调节国家能源供应不均衡、保证输送系统安全性和稳定性等方面也有着重要的作用，而石油又是能源储备体系中最重要的能源储备。石油不仅是一个国家经济发展的命脉，而且是重要的国防战备物资。20 世纪 70年代的世界石油危机导致了国际石油价格飙升，对一直以廉价石油为主要能源而迅速发展的西方工业化国家造成了严重的影响。石油作为一种能源产品已远远超出了一般商品的概念范畴，成为政治、经济、军事、外交领域关注的焦点。石油输出国组织为保护利益采取石油减产及禁运、提高价格等措施，加上作为石油主要产地的中东战事不断，世界石油市场供需关系日趋紧张。因争夺石油资源而引发的政治、经济摩擦不断涌现，甚至一些发达国家为了获取自身利益不惜采取军事打击来维护自己的能源保障，更加剧了世界石油价格的波动。石油市场的动荡进一步强化了各国实施本国石油安全战略的决心，纷纷开始建立石油安全战略体系。石油消费量居前列的美国、中国、俄罗斯、印度、日本、德国、法国、沙特中，除俄罗斯以外都已建立了石油储存基地。

利用枯竭油气藏储气库的煤层或气层建设油气储库是目前最常用、最经济的一种地下储气形式，具有造价低、运行可靠的特点。目前全球共有此类储气库逾 400 座，占地下储气库总数的 75% 以上。抚顺露天矿穿越多季煤层，随开采深入出现大量枯竭煤层，以此为依托建设储气库具有良好的经济性。抚顺露天矿具有天然的枯竭煤层，利用枯竭煤层进行简单混凝土浇筑建设抚顺地区油气储库符合我国能源发展需求，具有良好的经济效益。

目前我国主要 LNG 生产工厂、接收站集中在东南沿海，随着全国范围内限制燃煤供暖，未来东北地区对于天然气的需求将持续提高，东北地区将继续建设天然气储藏加工基地。抚顺市距离现有大连 LGN 储藏基地及沈阳、吉林等天然气消费量较大的市较近，在抚顺开辟天然气储存基地具有较好的经济性。

(三)新能源及抽水蓄能产业

我国经济正处在结构性调整的关键时期，煤炭产业响应供给侧改革，进行去产能转型。抚顺地区是传统的煤炭开采区，根据抚顺城市总体规划的要求，引入科技研发、休闲度假等，融合发展新能源和旅游业，使抚顺地区融入沈阳经济产业体系。同时，号召抚顺矿业集团重点推进煤电资源的清洁化、节能化、循环化改造提升，逐步退出重污染的传统产业，转型打造独具特色的新能源产业和节能环保产业，有助于推动抚顺地区整体的产业形象转变。

随着城市的发展，露天矿地区逐步由远郊转变为近郊区域，距离抚顺市区仅五六分钟车程，在此发展新能源产业地理优势明显，区域条件得到显著提升，而抚顺市作为辽宁省重要工业城市，距离省会沈阳仅半小时车程，集聚产业发展资源和条件,具备集中打造、做强、做大新能源、商务、旅游等产业的可行性。同时,抚顺地区自然资源丰富,经过数年治理修复及规划城郊森林公园建设,生态环境得到明显改善,且开展了生态绿化、区域水网路网、基础设施项目建设等工作,基础设施得到显著提升。

辽宁省是全国重要的综合能源及工业开发基地,在全国能源发展格局中具有重要的战略地位。"十二五"期间,辽宁省着力推进新型能源基地建设,并取得了长足的发展。但在经济新常态的背景下,煤炭需求放缓、产能过剩、油气价格走低,煤化工等产业市场前景不容乐观,传统能源转型升级的压力日益加大。从国家宏观政策看,《中共全国人大常委会党组关于进一步发挥全国人大代表作用 加强全国人大常委会制度建设的若干意见》出台,新一轮电力体制改革将改善电力运行调节机制,促进清洁能源多发满发。从新能源产业发展趋势看,国家将对风电电价和光伏电价进行阶梯式下调,对新能源行业的投资成本和运行效率提出更高的要求。从区域能源需求看,京津冀地区接受外输电中清洁能源的比例逐步提高,为辽宁省新能源产业发展迎来了新的契机。但是新能源的发展面临储多瓶颈问题,而抽水蓄能是目前最成熟、最廉价的规模化储能方式。将新能源与抽水蓄能有机结合起来,可以获得一举多得的效果。

(四)工业旅游产业

抚顺作为传统的重工业基地和典型的资源枯竭型城市,拥有众多重工业厂矿,随着经济发展和城镇化建设,这些重工业厂矿或迁址,或重组,或破产,留下了众多废弃的生产设备和厂矿遗址。目前抚顺市工业遗产有260余处,被推荐保护的达39处,种类繁多,工业文化积淀深厚,工业遗产资源极为丰富。现已建成以西露天矿和工业采矿区为代表的工业旅游景区,工业遗产旅游处于起步阶段。2012年以来,抚顺市以"东北地区旅游中转地"的旅游中心为目标,已逐步形成以观光旅游为基础、休闲旅游为方向、工业旅游为特色的发展格局,再加上抚顺作为传统重工业基地,对工业遗产的开发再利用有巨大需求。

抚顺市工业旅游发展应更加注重休闲、观光、度假旅游的推广,大多数游客对抚顺市的旅游形象感知仍停留在历史文化名城、文物古迹众多的层面。相比之下对工业遗产旅游的宣传力度明显不足,宣传手段也较为落后,没有引起学生、知识分子和老年人等潜在游客群体的参与积极性。这就导致不仅广大民众对工业遗产感到陌生,缺乏基本的保护意识,就连政府部门和相关企业也未对工业遗产的价值和利用方式达成共识,进而造成大量工业遗产缺乏合理保护与利用、工业遗产旅游发展缓慢的现状。

抚顺市在工业旅游发展方面面临着来自周边省市的激烈竞争。与邻近的历史文化名城沈阳、大连相比,抚顺市暴露出旅游规模小、接待能力低、基础设施不完善、经济发展落后、城市竞争力弱等劣势。尤其是沈阳,作为国内工业遗产旅游的典范,其发展更为成熟,依托城市更为强大,旅游吸引力也更高。这就要求抚顺市工业遗产旅游的发展要与众不同、独具个性、优化组合,突出抚顺地方特色,避免因景区同质化而发生被旅游发达城市掠夺客源的情况。

二、抚顺再工业化发展规划

(一)产业接续阶段(2018～2020 年)

1. 油页岩加工项目

油页岩加工项目规划面积 150hm^2,利用先进技术工艺,科学规划引导,综合利用油页岩开发和加工过程中产生的大量废渣,形成开采、炼油、尾气利用、灰渣发电及加工建材于一体的循环产业链,最终实现节能减排与绿色环保的油页岩加工产业。疏解由于露天矿减产带来的职工失业潮,在城市转型发展阶段为抚顺市政府提供合适的政府财政收入来源。油页岩加工项目区位见图 6-1。

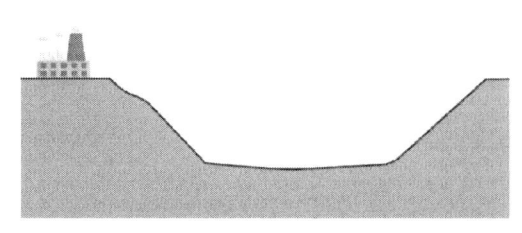

图 6-1　油页岩加工项目区位

2. 油气储存加工项目

油气储存加工项目规划面积 1500hm^2,石油和天然气储备是保障国家能源安全的重要措施,油气储存设施是连接石油工业生产、运输及销售等环节的纽带,建设地下储备库有利于保护油气资源,可以大量节省土地资源和建设成本,是确保天然气安全平稳供气的最有效途径。油气储存加工项目区位见图 6-2。

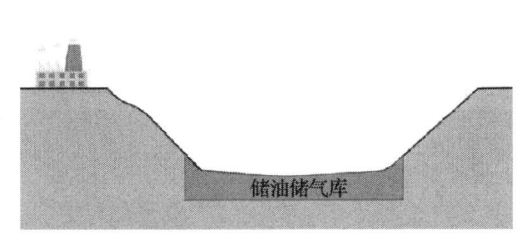

图 6-2　油气储存加工项目区位

3. 新能源和抽水储能项目

新能源和抽水储能项目规划面积 6200hm^2,新能源产业将会成为世界各国培育新经济增长点的一个重要突破口。发展新能源经济不仅可以开辟新的能源供应途径,有效增加新能源供应量,还可以有效降低环境污染,有利于实施生态立省战略,建设环境友好型社会。

习近平指出,解决城市缺水问题,必须顺应自然[①]。优先考虑利用自然力量排水,建设自然存积、自然渗透、自然净化的"海绵城市"。

将新能源和抽水蓄能相结合,互相促进,构成一个有机的整体。抽水蓄能电站建设一方面是新能源发展所必需的基础设施,突破了新能源发展的瓶颈;另一方面也为城市带来广阔的湖区和水系,有利于改善抚顺市生态环境,创造宜居、宜业的新抚顺。新能源项目区位见图 6-3。

(二)转型发展阶段(2020～2025 年)

1. 通用交通建设规划

依据经典的产业布局理论,运输条件是产业区位选择和产业布局调整的重要影响因素,运输条件的改变往往直接导致产业布局的形成与改变。在交通运输较为落后的阶段,高额的运输成本限制了城市间外部贸易的发展,工

[①] 习近平:避免使城市变成一块密不透气的"水泥板". (2018-02-26) [2020-02-20]. http://cpc.people.com.cn/xuexi/n1/2018/0226/c385476-29834583.html.

业活动在城市间难以形成专业化分工,大多数工厂在其选址时会把城市经济作为首要条件,落后的交通条件将经济的多样化限制在城市范围内。

图 6-3　新能源项目区位

随着交通的发展,区位约束不断减小,长距离的商品运输成为可能,围绕着中心城市的腹地市场开始增长,中等城市和小城市开始出现,工业生产可在不同城市间实现专业化分工,这促进了聚集经济效应的充分发挥,推动了城市向外分散型发展,更多城市将会出现。此外,便利的交通还能够促进沿线地区人口的快速流动,加快地区经济的对外联系,从而带动沿线周围的旅游、餐饮、房地产等第三产业的迅速发展,推动沿线经济的产业结构升级。1985~2006 年,中国交通运输投资每增加 1%,将会带动 GDP 增长 0.28%,其中,交通运输投资的直接贡献为 0.22%,由其外部性的存在而导致的经济增长为 0.06%。也就是说,如果考虑交通运输的正外部性,交通运输投资对我国经济增长的贡献率为年均 13.8%。总体而言,1985~2006 年交通运输投资带动 GDP 每年增加 248 亿元,其中 196 亿元来自投资的直接贡献,另外 52 亿元为交通运输的正外部效益。同时,交通基础设施对我国的就业率也有着显著的正向影响,能够有效地促进就业。

目前抚顺市主要道路交通体系集中在浑河以北,由于长期的煤炭开采,浑河以南道路交通网络密集程度远远不能满足城市发展的要求,在抚顺市进入转型发展阶段后,应加强露天矿周围交通建设,在东露天矿规划通用机场项目,并进一步完善抚顺市露天矿周围公路、铁路等交通布局,对于抚顺市的开放发展具有重要意义,对于吸引投资、人才、技术,带动抚顺市向外向型经济、旅游服务业发展具有积极作用，为抚顺市的区位交通增加优势，见图 6-4。

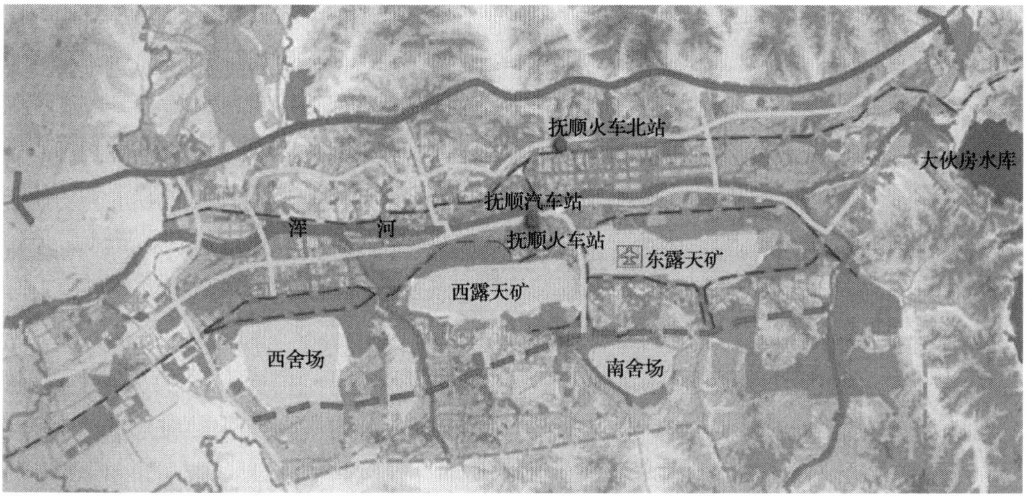

图 6-4　通用交通建设规划

2. 工业旅游发展规划

国际工业遗产保护主要有三个重要的文件。2003 年的《下塔吉尔宪章》，对工业遗产进行了定义，指出了工业遗产的价值及认定、记录和研究的意义，并就立法保护、维修保护、教育培训、宣传展示等提出原则、规范和方法等指导性意见。2011 年的《都柏林原则》强调了工业遗产价值的多样性：有的工业遗产以其在生产流程和技术、地域上或历史上的独特性而著称，有的工业遗产以其在全球产业迁演中的贡献而闻名，有的工业遗产是由不同工艺技术和历史阶段错综组成的复杂系统，其不同组成部分之间存在相互依赖的关系。《都柏林原则》不仅强调物质遗产，更强调非物质遗产，成为世界各国主要遵循的原则，从操作层面概括了工业遗产保护的基本做法。2012 年，国际工业遗产保护委员会(TICCIH)在台北开了第十五次会员大会，通过了工业遗产的《台北宣言》，认同亚洲工业遗产有别于其他地区，因此在定义上必须要有所扩充，也应该包括工业革命前后的工业遗产。亚洲的工业遗产强烈表现出人与土地的关系，在保护的观念上应该突出文化的特殊性。此外，亚洲的工业遗产大部分与殖民势力及文化输入有关，这些文化遗产都应予以保护。抚顺露天矿工业遗产承载了我国东北地区殖民势力与文化输入，代表了亚洲人民反抗侵略和创造美好生活的历史记忆。

通过对抚顺露天矿工业遗迹的利用与开发,以工业旅游的方式使抚顺市这座资源型城市焕发新的活力。借助工业旅游助力传统工业转型和新能源产业多元化发展,形成抚顺市独特的新能源旅游与工业旅游结合的"新"与"旧"的旅游产业格局,塑造抚顺市新形象,对于推动城市转型升级具有积极作用,见图 6-5。

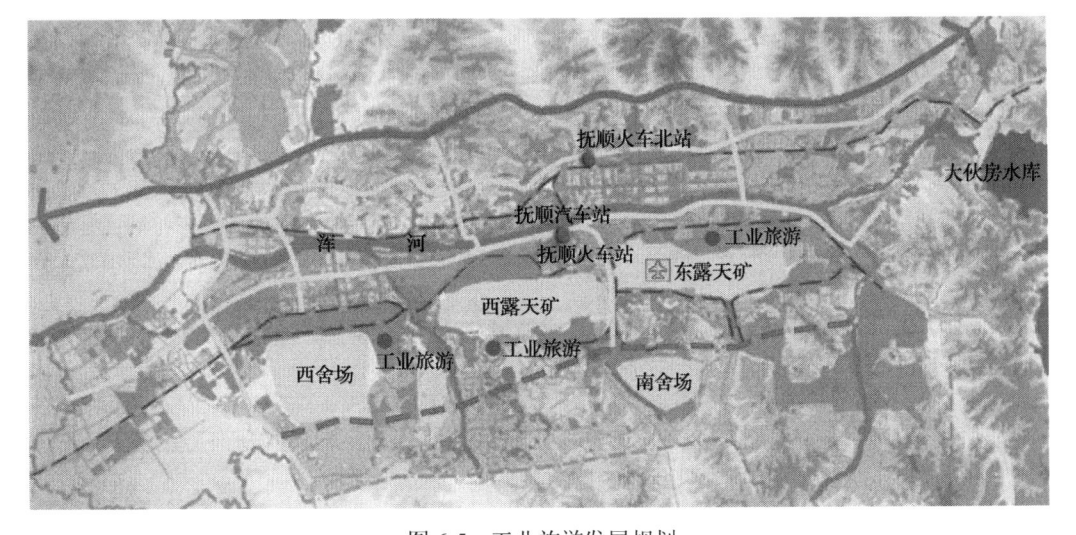

图 6-5　工业旅游发展规划

3. 配套产业规划

因此,依托沈阳省会城市的资源优势和抚顺的新能源产业条件,借助煤炭产业优势,综合太阳能、风能等新能源相关产业发展,联动现代化矿山工业的旅游发展,突出黑色到绿色、污染型到环保型新能源基地的转变,以新能源企业商务办公为主要功能,打造集设计研发、商务交易、应用和会展于一体的新能源总部基地,主要任务是根据新能源产业发展创新需求,招智引技,组织实施共性、关键性和前瞻性技术研发;建立面向企业的技术服务体系、开放研究平台和实验室,为企业尤其是中小企业提供开放研发平台,以及实验设备共享、技术信息、技术咨询等服务,协助开展科研活动,提升技术水平;积极参与项目孵化,引导新产品、新技术实现产业化;培育产业技术创新人才;开展国内外科技交流与合作。其发展目标是建设成为国内领先的新能源产业研发基地和产业创新基地,助力我国新能源产业实现跨越式发展,成为推动抚顺市新能源产业和沈抚区域经济有限增长的新引擎,打造国家清洁能源中高端产业转移示范窗口。

在工业产业、新能源产业、旅游产业的基础上，设置商业、服务业等基础配套，有利于满足消费需求，完善区域功能。最终形成集办公、能源加工与储存、旅游观光、商务休闲、餐饮娱乐等多功能为一体的新抚顺露天矿，带动周围商圈与抚顺市经济发展，见图6-6。

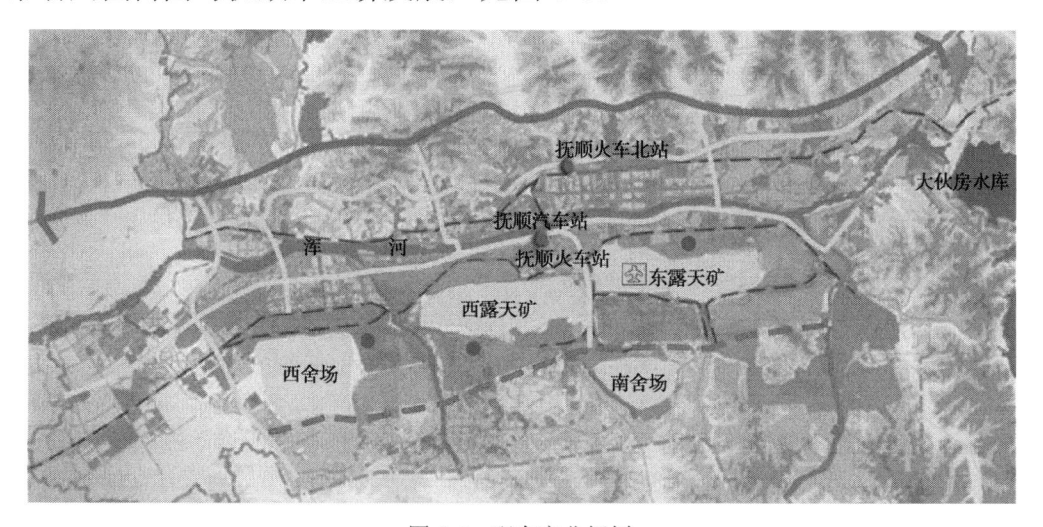

图 6-6 配套产业规划

（三）同城发展阶段（2025～2030 年）

1. 产业对接

立足沈抚连接带发展，积极融入沈阳面向国家中心城市的功能提升。以新城为核心载体，积极承接沈阳的科技创新、文化创意和生态服务功能的带动，加大对沈阳装备制造产业的转移接力度，进一步承接印刷、食品、木材家具等都市工业转移。依托辽中环高速公路，积极分担沈阳面向吉林的区域交通枢纽与物流中心功能。发挥大伙房水库和东部山区的生态特色资源优势，打造面向沈阳的休闲后花园和生态农产品基地。重点培育一批经济效益较高、能有效推动抚顺产业结构调整和城市转型、融入沈阳国家中心城市建设的新兴产业，重点发展智能机器人、工程机械装备、煤矿安全装备、石化电力装备、汽车零配件、节能环保设备、印刷包装等产业集群，见图6-7。

2. 服务对接

中部沿浑河积极对接沈阳的"银带"公共服务功能发展轴，重点布局城市公共服务和生产功能，串联沈抚新城、老城中心和石化新城等各片区中心，打造沈抚联动的大浑河综合服务带。

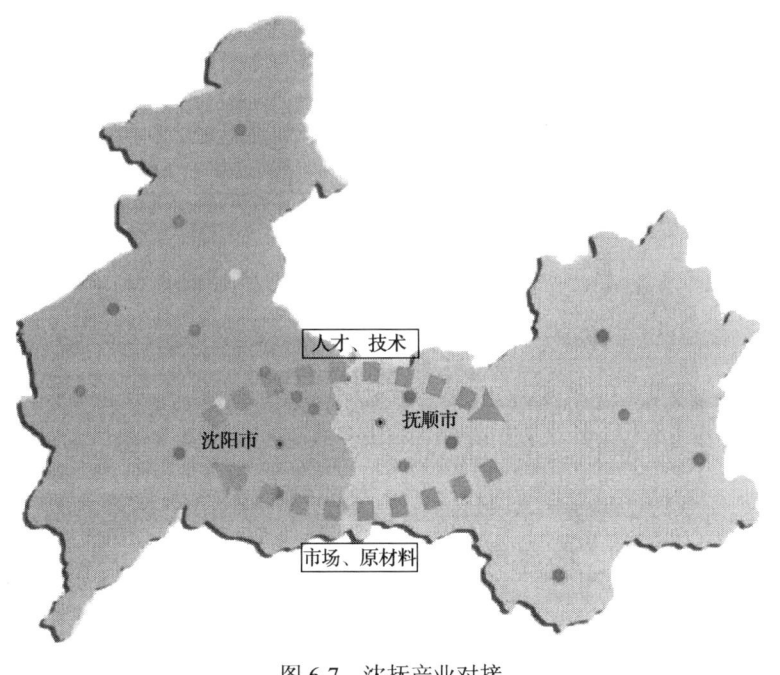

图 6-7　沈抚产业对接

南部向西对接沈阳空港区，重点引入高技术制造及科技创新产业资源。整合沈抚新城工业区、望花开发区、胜利开发区、石化新城等沿线主要园区，形成产业联动的区域走廊。

北部面向沈阳北部的北陵公园文化功能集聚区，与棋盘山、泗水科技城等形成联动，发挥山区自然景观优势，构筑以休闲旅游、特色文化为主要功能的休闲生态功能带，见图 6-8。

发展抚顺站周边商业中心、抚顺北站周边商业商贸中心、城东新区公共服务中心。抚顺站周边重点发展传统商业和商贸，抚顺北站周边重点发展新兴商业和商贸，城东新区公共服务中心在现有的行政办公和文化服务基础上，进一步培育生产服务功能。

3. 城市对接

加速融入沈阳，推动西部与沈阳同城化，东部分担沈阳的区域性功能，中部与沈阳的中心服务功能形成差异分工。充分发挥抚顺向西衔接东北核心消费市场、向东辐射大长白山特色资源腹地的区位潜力，积极推进通道建设，打造沈阳经济区辐射辽吉省际和大长白山地区的桥头堡。积极打造北部休闲生态带、中部公共服务功能发展带和南部新型产业带，促进沈抚融合、区域延伸，见图 6-9。

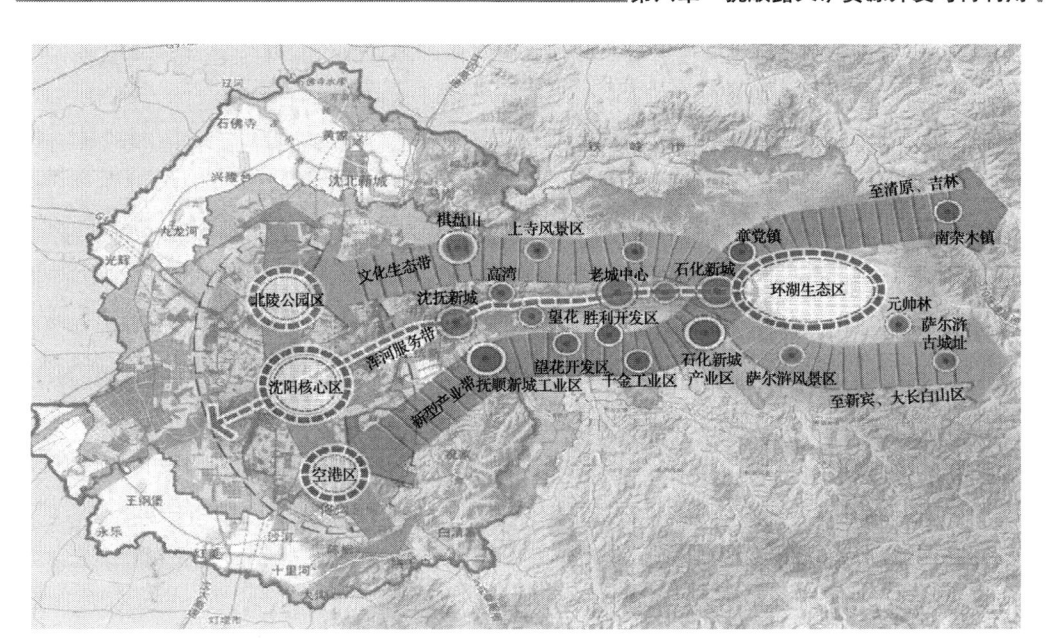

图 6-8　沈抚服务对接

图 6-9　沈抚城市对接

三、对抚顺再工业化发展政策建议

(一)再工业化发展相关政策

1. 资源枯竭矿区转型政策

矿区煤炭资源开采有力支撑了矿区周边城市社会经济发展,而煤炭资源开采给矿区环境带来严重影响。由于长期以来的煤炭单一产业结构,矿区基础设施、非煤产业、文化产业建设严重不足,随着矿区煤炭资源逐渐被开采殆尽,煤炭企业效益下降,难以支撑矿区社会福利设施开支,矿区人民生活受到严重影响。在此背景下,中央、辽宁省及抚顺市对于资源枯竭矿区转型发展制定的相关扶持政策具体如下。

《国务院关于印发全国资源型城市可持续发展规划(2013—2020 年)的通知》(国法〔2013〕45 号)提出,依靠体制机制创新,统筹推进新型工业化和新型城镇化,培育壮大接续替代产业,加强生态环境保护和治理,保障和改善民生,建立健全可持续发展长效机制;坚持统筹协调、分类指导,努力化解历史遗留问题,破除城市内部二元结构,加快资源枯竭城市转型发展。

《中共辽宁省委辽宁省人民政府关于推进供给侧结构性改革促进全面振兴的实施意见》(辽委发〔2016〕27 号)中提出,利用好省内枯竭矿区旅游资源,着力打造一批突出辽宁特色的避暑养生、文化旅游、自驾旅游、工业旅游等旅游产品。

《关于做好创建资源枯竭型城市可持续发展示范市系列项目策划包装工作的通知》提出,推进我市创建资源枯竭型城市转型示范市为目标,结合"十三五"发展规划,围绕转型振兴、石化产业链延伸、生态文明建设、绿色可持续发展及盘活存量资产等专题,科学谋划、精心包装一批高标准、高质量的重大项目,进一步充实完善项目库,为我市招商引资工作提供坚强支撑。

中央和地方各级政府重视资源枯竭矿区转型发展,并制定了相应政策促进矿区积极转型。抚顺市应抓住当前有利政策契机,综合治理露天矿坑,利用其丰富的工业文化遗址,发展替代性产业,实现从煤矸石山向绿水青山的转变。

2. 矿区能源产业接续政策

发展新能源是促进传统煤炭城市转型的有效途径,对已有的电力产业进行能源接替是对于现有资源的充分利用,能够推动煤炭城市由黑变绿、由不可持续向可持续发展。国家和辽宁省对于抚顺市新能源产业接续可利用的政策如下。

《国务院关于印发全国资源型城市可持续发展规划(2013—2020 年)的通知》(国发〔2013〕45 号)提出,坚持把经济结构转型升级作为加快资源型城市可持续发展的主攻方向,充分发挥市场机制作用,改造提升传统资源型产业,培育壮大接续替代产业。辽宁省抚顺市属于成熟型资源型城市,积极推进产业结构调整升级，尽快形成若干支柱型接续替代产业。

《国务院关于煤炭行业化解过剩产能实现脱困发展的意见》（国发〔2016〕7号）提出，鼓励利用废弃的煤矿工业广场及其周边地区，发展风电、光伏发电和现代农业。

《辽宁省人民政府办公厅关于印发电化辽宁、气化辽宁和煤电企业转型转产工作方案的通知》（辽政办发〔2017〕75号）提出，按照全面深化电力体制改革的总体要求，积极应对电力行业面临的严峻形势，加快淘汰煤电落后产能，提高能源利用效率，促进能源供给侧结构性改革，推进煤电企业向清洁取暖转型转产，保持电力行业健康平稳可持续发展。

综上所述，抚顺这座成熟型资源型城市顺应推进产业结构调整升级的政策指引，考虑以新能源接续煤炭，实现城市发展由黑变绿，将会得到各级政府的大力支持。

3. 矿区产业转型财政和金融扶持

在矿区产业转型的财政和金融扶持方面，中央和辽宁省的政策也给予了一定的指引。具体可以利用的政策如下。

《国务院关于煤炭行业化解过剩产能实现脱困发展的意见》（国发〔2016〕7号）提出，支持企业通过发债替代高成本融资，降低资金成本。完善金融机构加大抵债资产处置力度的财税支持政策。

《关于做好创建资源枯竭型城市可持续发展示范市系列项目策划包装工作的通知》在资金来源、鼓励方式等方面对于抚顺市资源枯竭矿区产业转型升级资金扶持办法做出了详细解释，见表6-1。

表6-1　矿区产业转型升级资金扶持办法

方式	可享受的待遇	政策描述
中央财政扶持	贴息支持、资金支持	省财政对符合国家产业政策的转型项目贷款给予一定的贴息支持，对能够吸纳就业、资源综合利用和发展接续替代产业的项目给予资金支持
	一般和专项转移支付扶持（政策倾斜/配套资金）	省级财政要加大对资源枯竭城市和独立工矿区的一般性及专项转移支付力度，增强其基本公共服务保障能力，各设区市政府要安排相应的财政配套资金
	降低矿产资源补偿费率	实施弹性的矿产资源补偿费率，资源衰退期内适当降低比例费率
地方资金扶持	增加金融机构	鼓励和推动各类金融机构在资源型城市设立分支机构
	专项贷款、最优利率	优先满足沉陷区治理、棚户区改造、保障性住房建设、公共基础设施建设和产业转型等方面的信贷需求，增加对农业、生态建设的信贷投入
	利用国外贷款	拓展国外贷款，吸引世界银行、亚洲开发银行等国外资本参与资源型城市经济转型和接续替代产业发展

由此可知,抚顺露天煤矿转型过程中,可享受多项中央和地方的财政扶持政策,且还有多种金融支持模式等待开发。

(二)相关产业支持政策

1. 油气储存政策

油气作为国家重要能源,在环境保护、能源枯竭应对、能源供给安全三大战略需求促进下,加快油气储备能力建设,对于保障国家能源安全具有十分重要的意义,油气储存政策见表 6-2。

表 6-2 油气储存政策

政策层面	年份	相关政策	政策内容
国家	2018	《2018年能源工作指导意见》	提高油气供给保障能力、增强油气储备应急能力、持续推进油品质量升级
	2017	《国家发改委发布关于做好煤电油气运保障工作的通知》	发电企业要分析供需形势,提前做好燃料采购、运力衔接和储存,千方百计扩大场存储能力、提高存储水平
	2017	《关于做好煤电油气运保障工作的通知》	加快推进煤电油气运信用体系建设,提前做好油气储备工作
	2017	《加快推进天然气利用的若干意见》	明确了贯穿全产业链的油气体制改革主要任务,提高油气储存水平
	2017	《国务院关于印发"十三五"生态环境保护规划的通知》	推进加油站、油罐车、储油库油气回收及综合治理
	2017	《中长期油气管网规划》	优化完善原油和成品油管道,提升储备调峰设施能力,提高系统运行智能化水平
	2017	《中共中央国务院关于深化石油天然气体制改革的若干意见》	通过改革促进油气行业持续健康发展,推动油气管网运营机制改革,理顺省级管网体制,加快推动油气基础设施公平开放,完善油气储备设施投资和运营机制
	2016	《能源生产和消费革命战略(2016—2030)》	推进能源生产和消费革命
辽宁省	2017	《关于加快推进"电化辽宁"工作方案》	提升全社会电气化水平,减少大气污染排放
	2017	《辽宁省燃煤电厂超低排放改造计划》	进行全省燃煤电厂超低排放改造工作计划
	2017	《辽宁省燃煤电厂节能改造计划》	顺应国家相关政策及社会对环境改善的要求,各油气企业要提高对油气监管工作的认识
抚顺市	2017	《抚顺市"十三五"节能减排综合工作实施方案》	实施油气回收改造
	2017	《抚顺市"十三五"控制温室气体排放工作方案》	在煤炭行业和油气开采行业开展碳捕集、利用和封存的规定

综上所述,国家、省及市层面对油气储存有明确的政策导向,体现在以下几方面:完善基础设施,提高油气储备能力;增强油气储备应急能力、提

高油品质量；根据环境要求，全面推进油气体制改革。

2. 新能源发展政策

在环境保护、能源枯竭应对、能源供给安全三大战略需求促进下，分布式能源作为可再生能源中的重要方向，在国内得到大力发展，见表6-3。

表 6-3　分布式能源政策

政策层面	年份	相关政策	政策内容
国家	2016	《全国农业现代化规划(2016—2020年)》(国发〔2016〕58号)	推进农业信息化建设，加强农业与信息技术融合，发展智慧农业
	2016	《"十三五"国家科技创新规划》	结合光伏、设施农业等高新技术及装备发展高效安全生态的现代农业技术
	2015	《国家发展改革委关于完善陆上风电光伏发电上网标杆电价政策的通知》(发改价格〔2015〕3044号)	分布式光伏发电项目可选择"自发自用、余电上网"或"全额上网"模式
	2014	《国务院办公厅关于印发能源发展战略行动计划(2014—2020年)通知》(国办发〔2014〕31号)	鼓励大型公共建筑及公用设施、工业园区等建设屋顶分布式光伏发电
	2014	《国家能源局关于进一步落实分布式光伏发电有关政策的通知》(国能新能〔2014〕406号)	鼓励开展多种形式的分布式光伏发电应用；鼓励各级地方政府制定配套财政补贴政策；鼓励分布式光伏发电与农户扶贫、新农村建设、农业设施相结合
辽宁省	2017	《辽宁省人民政府办公厅关于创新管理优化服务培育壮大经济发展新动能加快新旧动能接续转换的实施意见》(辽政办发〔2017〕104号)	支持发展节能与新能源汽车、输变电装备、新能源装备、高端工程装备、冶金石化成套装备、节能环保装备、新材料、生物医药及高性能医疗器械等15个重点领域
	2017	《辽宁省人民政府办公厅关于印发电化辽宁、气化辽宁和煤电企业转型转产工作方案的通知》(辽政办发〔2017〕75号)	加速领域实施"以电代煤""以电代油"，着力提升电能占能源终端消费比重，提升全社会电气化水平，降低大气污染排放，形成清洁、安全、智能的新型能源消费方式

综上所述，国家及省、市层面对光伏发电、光伏应用、分布式能源明确的政策导向体现在以下几方面。

(1)鼓励开展多种形式的分布式光伏发电，大力推广与建筑的结合。

(2)调整光伏发电上网标杆电价和补贴标准。

(3)鼓励分布式光伏发电与农户扶贫、新农村建设、农业设施相结合。

3. 工业旅游政策

工业旅游包括工业观光旅游和工业遗产旅游，是在工业发展及人们物质生活水平不断提高的情况下兴起的一种旅游趋势。为着力培育新时代中国旅游发展新动能，丰富全域旅游建设新内涵，努力开创工业旅游发展新局面，国家及各省市制定了多方面的政策来促进工业旅游的发展。工业旅游产业政策见表 6-4。

表 6-4 工业旅游产业政策

政策层面	年份	相关政策	政策内容
国家	2016	《国务院关于印发"十三五"旅游业发展规划的通知》（国发〔2016〕70号）	鼓励工业企业因地制宜发展工业旅游，促进转型升级。支持老工业城市、资源型城市通过发展遗产旅游助力城市转型发展。推出一批工业旅游示范基地
			以抓点为特征的景点旅游发展模式向区域资源整合、产业融合、共建共享的全域旅游发展模式加速转变，旅游业与农业、林业、水利、工业、科技、文化、体育、健康医疗等产业深度融合
			大力发展旅游用品、户外休闲用品、特色旅游商品制造业。培育一批旅游装备制造业基地，鼓励企业自主研发，并按规定享受国家鼓励科技创新政策
	2016	《工业绿色发展规划（2016—2020年）》	绿色发展既顺应了新工业革命下实体经济领域创新提速的潮流，也符合新型工业化的内在要求和供给侧结构性改革的目标方向，对于促进工业发展方式由"高增长高污染高消耗"向"高水平高质量高效益"转变，形成发展新动能，应对全球低碳竞争，保障国家能源和资源安全具有重大意义
	2016	《工业绿色发展规划（2016—2020年）》	通过发展新兴绿色产业和绿色技术，发掘新的绿色增长点，将全球工业带入绿色化发展的新路径，为重塑全球产业链、推动消费者行为变革提供持续动力
	2015	《国务院办公厅关于进一步促进旅游投资和消费的若干意见》（国办发〔2015〕62号）	大力发展特色旅游城镇。推动新型城镇化建设与现代旅游产业发展有机结合，到2020年建设一批集观光、休闲、度假、养生、购物等功能于一体的全国特色旅游城镇和特色景观旅游名镇
	2014	《国务院关于促进旅游业改革发展的若干意见》（国发〔2014〕31号）	推动旅游业发展与新型工业化、信息化、城镇化和农业现代化相结合，实现经济效益、社会效益和生态效益相统一
	2014	《国务院关于近期支持东北振兴若干重大政策举措的意见》国发〔2014〕28号	支持东北地区全面深化改革、创新体制机制、实现经济社会持续健康发展，对于稳增长、促改革、调结构、惠民生具有重大意义
辽宁省	2016	《辽宁省旅游业发展"十三五"规划》（辽政办发〔2016〕76号）	依托辽宁工业遗产和现代化工业的整体优势，深入挖掘辽宁得天独厚的工业文化遗址、产业资源的价值；培育一批重点工业旅游基地，打造全国工业旅游示范省
			依托工业遗产资源培育全国知名的工业旅游品牌、打造全国工业旅游示范区和示范点、培育工业旅游精品路线
			加强工业旅游与文创产业、现代服务业的融合发展，引进文化设计、科技创意，打造创意产业集聚区，加强工业遗产保护机构和工业旅游开发人才队伍建设，实现工业旅游科学化、专业化发展
	2015	《辽宁省关于促进旅游产业改革发展的实施意见》	整合沈阳、抚顺、锦州、阜新、朝阳和葫芦岛等市的历史、宗教、民俗和古生物等丰富的文化资源，开发辽沈特色文化旅游产品
			推动旅游产业与工业融合，一方面发挥全省工业遗产丰富的优势，发展工业旅游，开发钢铁、飞机、机器人、机床、汽车、油田等工业旅游产品；另一方面发挥全省工业基础雄厚的优势，大力发展旅游装备和旅游生活用品制造业，培育旅游装备产业集群
抚顺市	2016	《抚顺市国民经济和社会发展第十三个五年规划纲要》	以城市转型振兴发展为主线，以优化"两城两带"和提升城市核心功能为重点，主动开发适应经济发展新常态的新领域，将我市老工业基地打造成转型发展的先行区、生态文明建设的示范区、区域产业协作配套区

4. 相关产业政策分析

综上所述，国家及省、市层面对工业旅游都有明确的政策导向体现在以下几方面。

(1)鼓励开展工业与旅游业的结合。

(2)依托地方旅游资源优势，因地制宜，发展具有地方特色的旅游业。

(3)加强工业区生态恢复与文化产业相结合，培育工业旅游精品。

四、再工业化发展评价

(一)优点

抚顺再工业化发展规划在积极拓展外部煤炭资源的同时，立足本市资源、区位、产业条件，未雨绸缪，深刻认识到土地资源的重要性，土地作为企业生存的根本，不仅是一项企业资产，更是上市公司重要的融资工具。在西露天矿矿区煤炭资源枯竭之际，抚顺市与抚顺矿业集团应采取多种途径来积极盘活矿区土地，开展土地的再利用适宜性评价，科学、合理地谋划新型产业，为抚顺市产业转型创造先机。在产业结构方面，结合区域环境因素及发展规划，实施由目前重型化、高碳化的传统产业结构向创新型、低碳型、多元化的新型产业体系接续，这一过程既考虑到环境治理和经济效益的提高，又考虑到接续产业的接续性和可行性，加大科技创新，积极推进科技成果产业化发展。同时针对人才不断流失问题，实施人才保障战略，改善工作环境，改变传统随矿而建的职工社区形象，积极创建融于城市的新型社区模式，完善配套设施及服务，作为吸引和保障人才的举措。

(二)不足

再工业化规划对于工业生产印象考虑不足，没有就工业遗产做出更详细的规划；对于当前抚顺市经济社会发展相对落后的现状考虑不足，对于当前抚顺市可以发展的产业还需要做详细规划。

当前项目区域环境较差，基础设施建设薄弱，再工业化发展规划需要在这两者之间做出协调，因此没有将生态修复作为规划的第一要务，这种妥协可能会对未来产业发展带来影响。

抚顺是历史文化名城，长期的历史发展过程中产生了很多历史文化资源，但再工业化对历史人文资源的保护相对薄弱，应在未来做进一步延伸。

第二节　抚顺露天矿后工业化发展研究

通过分析目前已有的《采沉治理综合产业发展区规划》《莲花湖国际金融小镇概念性规划》《榆林生态湿地公园规划》《西露天矿国家地质公园概念性规划》等一系列抚顺露天矿及影响范围区后工业化转型的相关规划或战略文件，从后工业化角度这一发展思路对抚顺露天矿及其影响范围内场地的发展战略与空间利用提出相关建议（图6-10）。

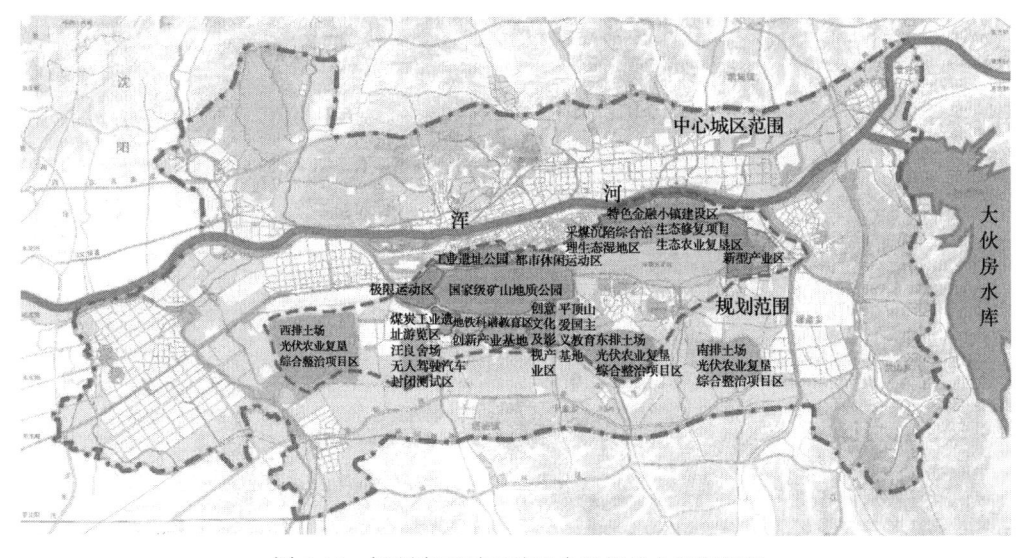

图6-10　抚顺东西露天矿及舍场相关专项规划图

一、抚顺市露天矿及影响范围区后工业化产业转型战略分析

（一）采沉治理综合产业发展区

以采煤沉陷及影响区为基础，以地质灾害危险性评价为前提，坚持"因地制宜、积极利用"的原则，建设集商业、仓储、创意文化、休闲娱乐、生态恢复为一体的采沉治理综合产业发展区，成为资源枯竭型城市可持续发展示范市转型发展的核心产业承载地，见图6-11。

（二）莲花湖国际金融小镇

莲花湖国际金融小镇采用"园区经济"的模式，建设以金融产业的集聚为先导，既服务当地经济发展，又面向区域和全国的、国内独一无二的以产业基金"批发"为主要业务的"生产制造"基地。

- 采沉治理综合产业发展区
  - 国家级城市生态湿地公园（用地规模6km^2，投资15亿元）
  - 东北商贸城（用地规模0.8km^2，投资10亿元）
  - 产业发展区基础设施项目（基础设施建设，投资7亿元）
  - 榆林电子商务小镇（用地规模1.2km^2，投资14亿元）
  - 生产资料产业园区（用地规模0.66km^2，投资0.6亿元）
  - 榆林电修厂特色商贸小镇（用地规模0.6km^2，投资7亿元）
  - 榆林特色金融小镇（用地规模0.8km^2，投资35亿元）
  - 龙凤现代物流小镇（用地规模2km^2，投资41亿元）

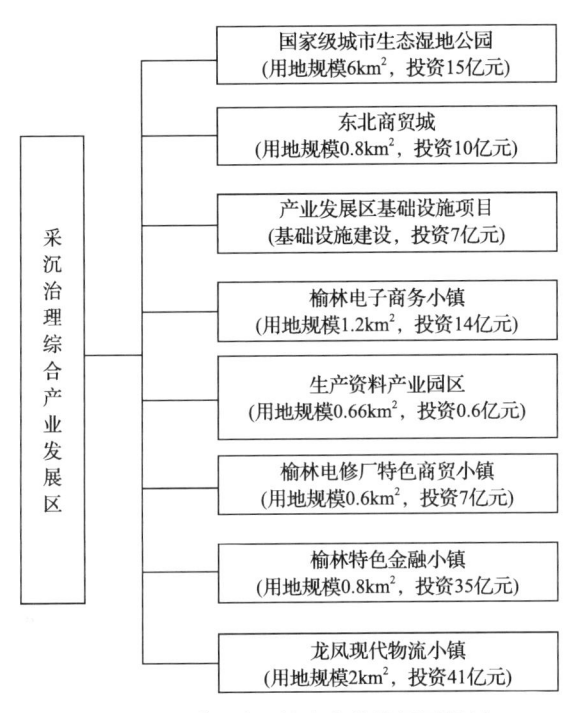

图 6-11　采沉治理综合产业发展区规划

以金融集聚为核心、以生态修复为背景、以产业转型为使命、以创新引领为目标，最终将人们印象中的工矿区改造为全国金融产业集聚区、“产学研”一体化金融创新工场、老工业基地综合治理及“飞地经济”合作示范区、3A 级景区及全域旅游示范区，见图 6-12。

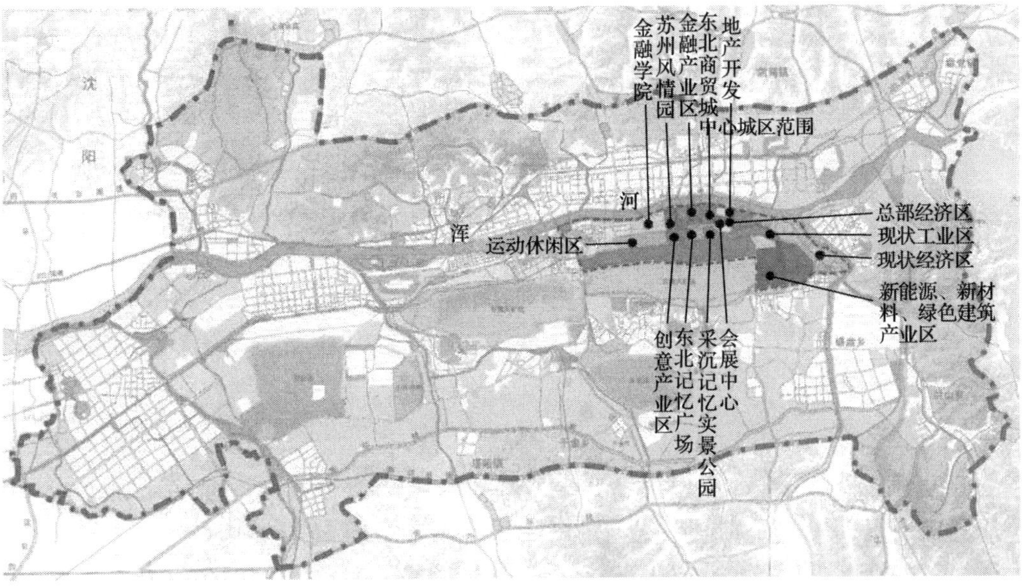

图 6-12　莲花湖国际金融小镇功能分区图

(三)榆林生态湿地公园规划

榆林生态湿地公园是以山水资源为生态基底,以东北工业文明和本地历史人文资源为文化特色,具有一定国际知名度和国内示范作用,集生态保护、科普教育、游憩休闲等多种服务功能于一体的综合性的城市湿地公园,见图6-13。

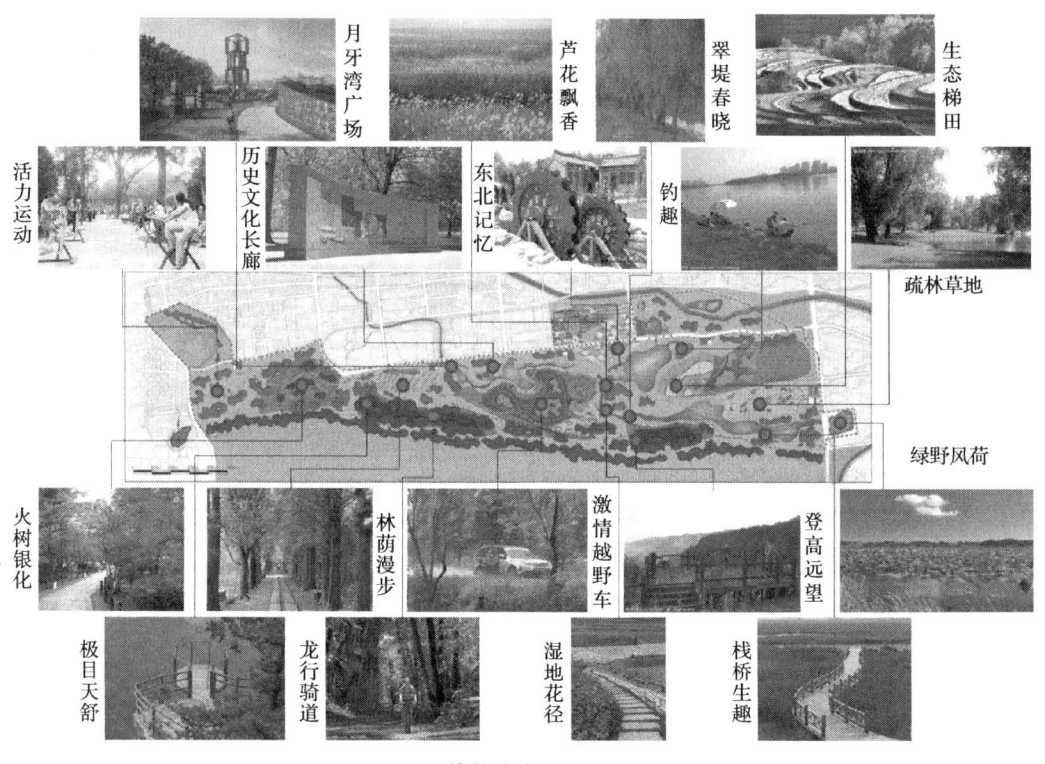

图6-13　榆林生态湿地公园平面图

(四)采沉创意文化产业园区

利用示范区内近 $8m^2$ 的现状旧厂房建设国内一流水平的示范区规划展示馆、大型商务会展中心、大型电子商务和电商线下体验中心、创意文化产业聚集区、现代商贸服务中心。

(五)采沉记忆实景公园规划

对沉陷区以"修旧如旧"的方式进行改造,打造出具有历史意义的人文景观,通过展廊、雕塑小品等方式将抚顺市近现代采煤发展过程和景观相结合，打造出人文历史和植物景观完美融合的、具有鲜明地方特征的景观遗址公园，形成独具地方特色的文化旅游产业。

实景公园分为四大功能区：以服务功能为主、以现代雕塑和景观表现手法营造的主入口景观区；以保留采煤沉陷形成的水面及其中废弃的房屋，形成以采沉实景展示为主的采沉记忆实景区；在园区的游览路线中通过景观结合展板、雕塑等展示方式，介绍抚顺市近现代采煤发展过程的采沉历史长廊区；以及介绍采煤沉陷区形成原因的采沉科普区，见图6-14。

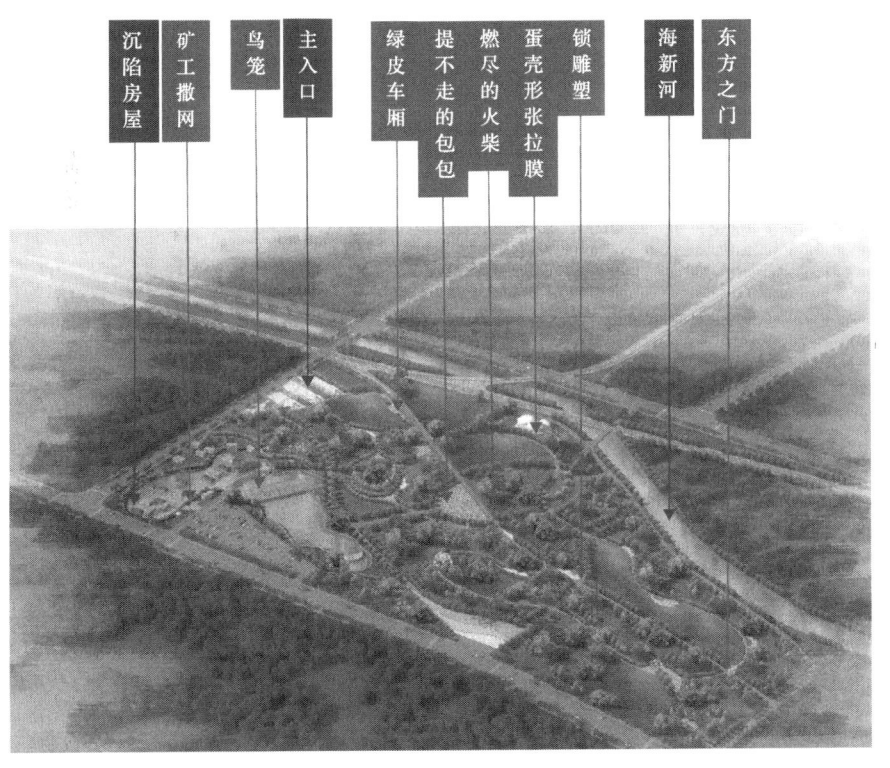

图6-14　采沉记忆实景公园规划图

(六)青年路南建筑博览园规划

规划区位于浑河南岸，西侧是居民生活区及南站商业中心，东侧是东洲区的核心区域，南侧是东露天矿及东洲区政府。地理位置较优越，是抚顺市民休闲、娱乐、健身的绝佳去处。

建筑博览园面积约为26.7hm²，位于青年路南侧。建筑博览园是轻型绿色环保建筑的展示示范基地，也是青少年科普学习的参观场所，该项目采用休闲、娱乐、展示一体化的综合发展模式，见图6-15。

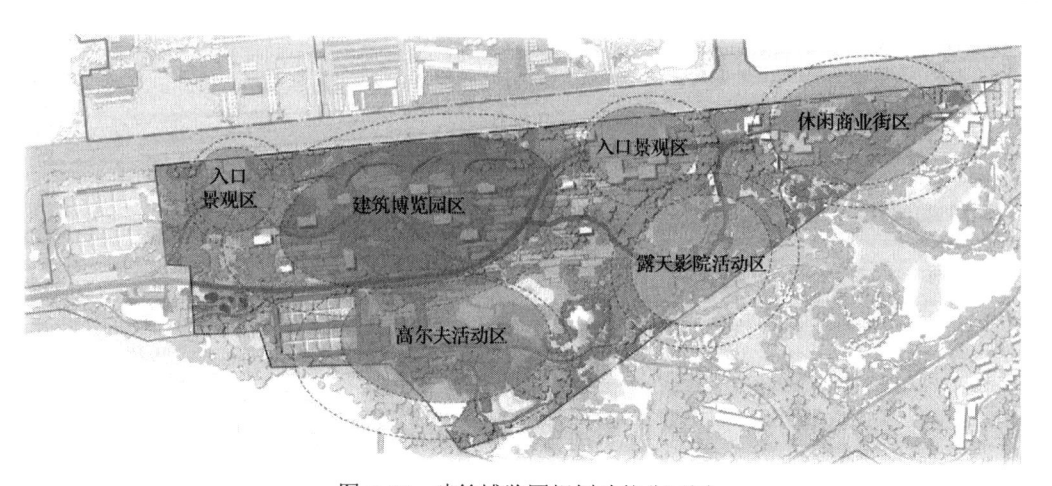

图 6-15 建筑博览园规划功能分区图

(七)青年路南生态湿地规划

规划区位于浑河南岸，西侧是居民生活区及南站商业中心，东侧是东洲区的核心区域，南侧是东露天矿及东洲区政府。

生态湿地公园面积约为 26.6hm²，位于青年路南侧，邻近国际建筑博览园。生态湿地公园充分利用现状水体，在进行全面生态处理的基础上，恢复并丰富当地生物生态链，建立抚顺市城区生态涵养区，并为市民提供亲近大自然、了解大自然的放松休闲新去处，见图 6-16。

图 6-16 青年路南生态湿地公园功能分区图

（八）采沉生态绿道规划

规划区位于露天煤矿产区，非稳定沉陷区域，过度地开采使生态环境遭到了严重的破坏，留下一片碎石与大面积深坑群，生态环境恶劣。规划尊重现有景观，避免大面积地挖山叠水、破坏原本已经很脆弱的废弃地生态环境。

将已经存在的景观特质挖掘出来，形成有鲜明地方特征的景观，同时改善周边地区的生态效益，带动周边环境产业的发展，在尊重的原则下对原有工业设施进行更新和再利用，凸显出景观与城市历史的关系，形成独特的绿道景观，见图 6-17。

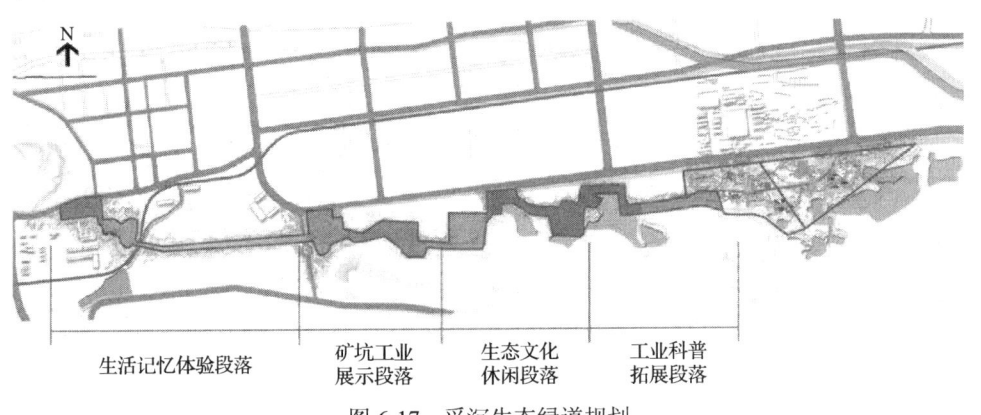

图 6-17　采沉生态绿道规划

（九）西露天矿国家地质公园概念性规划

以国家级矿山地质公园建设为核心，将西露天矿建设为抚顺市矿山地质灾害治理及产业转型的示范区域，以及抚顺市工业文明旅游的重要节点。

形成"一基地、九片区"的规划结构。其中，一基地为花田农庄森林农果加工基地；九片区为越野竞赛区、滑雪滑草娱乐区、林下拓展运动区、林荫康养苑、体育运动区、芳香养生园、森林木屋区、林下民宿区、露营区，见图 6-18。

二、抚顺市露天矿及影响范围区后工业化空间转型战略分析

（一）西露天矿国家地质公园概念性规划

1. 优势条件

(1)充分调动了西露天矿周围的资源要素，形成了丰富的产业形态。

图 6-18 西露天矿国家地质公园概念性规划

(2)因地制宜，各项规划都考虑了地块的资源条件。

(3)顺应煤矿转型发展趋势，有较好的发展前景。

(4)北侧的工业遗产公园规划考虑了地块和城市的拼接和城市肌理延续的问题，使工业遗产资源得到保护，通过合理的改造，这些工业设施重新被激活(图 6-19)。

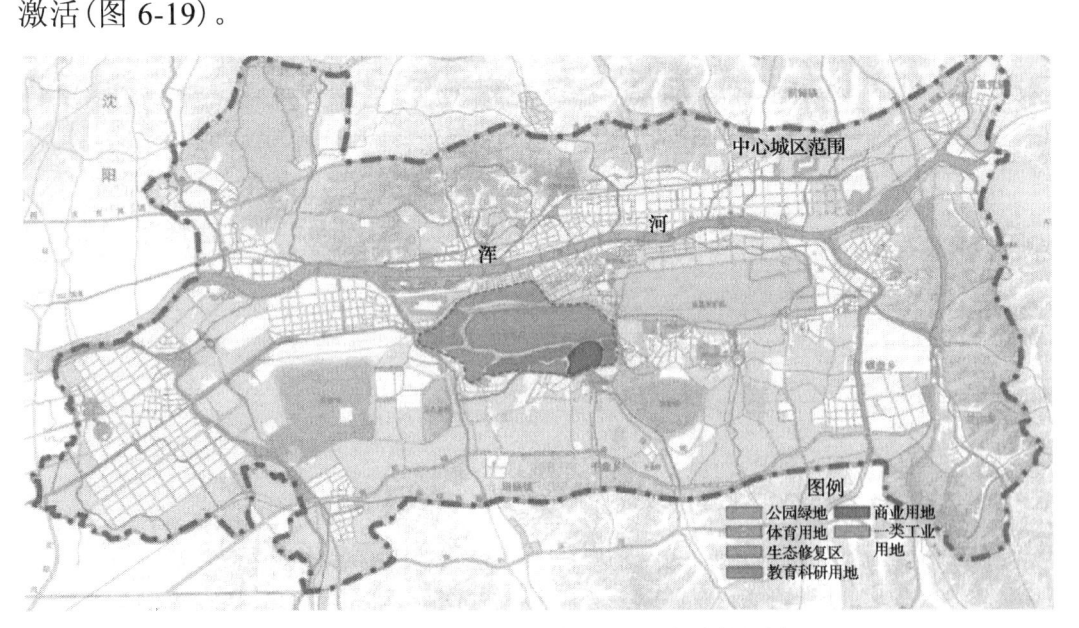

图 6-19 改造后西露天矿国家地质公园概念性规划图

2. 不足之处

(1)矿坑回填的可行性和必要性不充分。

(2)与城市现有结构结合不够理想，交通可达性不佳。

(3)没有形成独有的特色，在竞争中缺乏优势。

(二)莲花湖国际金融小镇概念性规划

1. 优势条件

(1)充分结合当地现有产业，产业基础较好。

(2)符合最新的发展潮流，发展思维前卫。

(3)充分挖掘城市历史文化特色，留住了城市记忆。

(4)"产学研"一体的发展思维，引入了创新人才，有较强的发展潜力(图 6-20)。

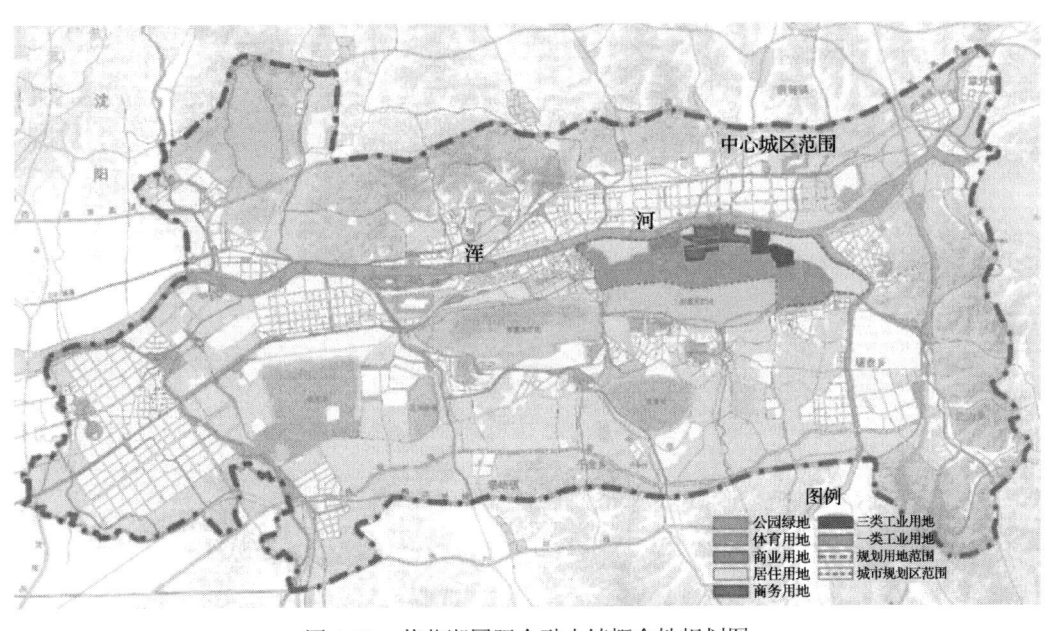

图 6-20　莲花湖国际金融小镇概念性规划图

2. 不足之处

(1)当地金融基础较差。

(2)产业发展模式较为理想化，能否成功亟待验证。

(三)抚顺西露天矿综合治理规划

通过对抚顺露天矿及其周边地区环境的综合分析,结合国家层面的战略需求,对抚顺西露天矿的其中一种战略使用构想做出如下建议:

(1)充分利用国土资源，将资源输出转换为战略储备：充分利用好抚顺西露天矿的地下空间，从国家层面，将西露天矿作为储备战略物资的一个重要场所，将其作为我国重要的第二个国家战略石油储备基地，防范石油供给危险，确保国家能源安全(图 6-21)。

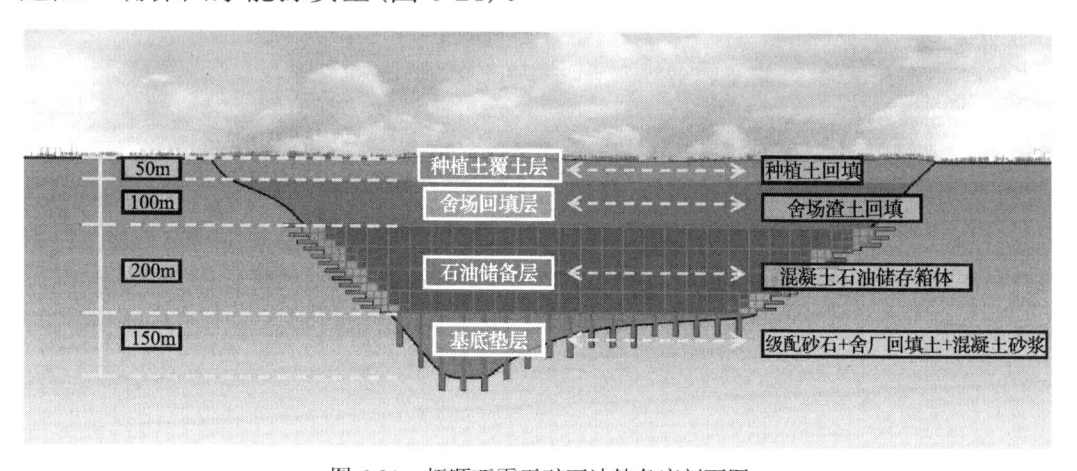

图 6-21　抚顺西露天矿石油储备库剖面图

(2)激活国家能源产能，过剩产能再利用，建立全新炼化产业新体系：将舍场进行回填，修复历史上开采形成的城市伤疤，与此同时解决城市舍场的占地污染问题。

(3)综合推进城乡开发建设，综合治理，改善环境，改善民生：围绕森林公园展开养生休闲产业，工厂产能置换，创意创新艺术新兴产业介入，解决工人再就业问题。

(4)从根本进行生态修复，抚平大地上的"伤痕"：通过对露天矿坑的填埋处理建造城市级别的森林公园，从根本上改善重工业城市的环境面貌。

(5)塑造具有鲜明特色的城市文化、大众娱乐文化、生态环境文化，恢复往日的欢声笑语——利用森林公园的中央区域，打造主题活动乐园。

在这种发展战略之下，有如下较为显著的优势条件：将国家营口地区的石油管道储运输油资源再利用起来，建立全新的炼化产业新体系；与城市建设用地资源置换相整合，将周围四大舍场的土回填进西露天矿，回填后的四大舍场可以作为可利用城市用地，同时还解决了舍场带来的一系列污染问题；推动了周边的养生与城市艺术产业，依托中央森林公园环境效应，营造城市养生休闲产业，转换现状工业用地产能，融入工业艺术休闲氛围开发，打造城市泛休闲民生生活；解决工人再就业问题，极大地增加了矿工的再就业项目；将体育活动、音乐文化休闲、越野车主题乐园、滑雪滑草主题乐园、森林拓展乐园等一系列高品质活动融入市民生活之中，塑造了鲜明的城市文化。

三、抚顺市露天矿及影响范围区后工业化实施路径分析

(一)对规划范围土地退出机制的建议

1. 划拨用地退出方式

1)转为出让土地

《中华人民共和国城镇国有土地使用权出让和转让暂行条例》第四十五条规定，符合下列条件的，经市、县人民政府土地管理部门和房产管理部门批准，其划拨土地使用权和地上建筑物，其他附着物所有权可以转让、出租、抵押：

(一)土地使用者为公司、企业、其他经济组织和个人；

(二)领有国有土地使用证；

(三)具有地上建筑物、其他附着物合法的产权证明；

(四)依照本条例第二章的规定签订土地使用权出让合同，向当地市、县人民政府补交土地使用权出让金或者以转让、出租、抵押所获收益抵交土地使用权出让金。

为了减少划拨土地的存量，满足土地市场及经济发展的需要，国家允许划拨土地使用权可以通过法定的条件和程序转变成为出让性质的土地使用权。经营性划拨土地使用权可以跟其上的房屋等一并转让、抵押，并通过补办出让手续，补交出让金而将划拨土地使用权升级为出让土地使用权。经营性划拨土地使用权，虽然是划拨土地，但由于其经营性，应该升级为出让土地使用权。换言之，经营性划拨土地使用权本来应该是出让土地使用权，只是由于历史的原因，尚未完成其向出让土地使用权的转变。

2)转为租赁土地

依据《规范国有土地租赁若干意见》第一点，国有土地租赁是指国家将国有土地出租给使用者使用，由使用者与县级以上人民政府土地行政主管部门签订一定年期的土地租赁合同，并支付租金的行为。国有土地租赁是国有土地有偿使用的一种形式，是出让方式的补充。当前应以完善国有土地出让

为主，稳妥地推行国有土地租赁。对原有建设用地，法律规定可以划拨使用的仍维持划拨，不实行有偿使用，也不实行租赁。对因发生土地转让、场地出租、企业改制和改变土地用途后依法应当有偿使用的，可以实行租赁。

划拨土地使用权是企业无偿或者低成本取得的，是国家对企业和特定土地用途的政策扶持，因此对其权能有所限制，企业必须在办理有偿用地手续、转变为出让或租赁土地使用权后才能出租。企业将用地权利类型改制为由向土地所有权人租赁土地使用权，也就是企业"有偿化"向国家租赁国有土地，取得租赁的土地使用权。依据《规范国有土地租赁若干意见》第二点，国有土地租赁可以采用招标、拍卖或者双方协议的方式，有条件的，必须采取招标、拍卖方式。采用双方协议方式出租国有土地的租金，不得低于出租底价和按国家规定的最低地价折算的最低租金标准，协议出租结果要报上级土地行政主管部门备案。并向社会公开披露，接受上级土地行政主管部门和社会监督。此程序规定实际与出让土地使用权的程序相同。

《中华人民共和国城市房地产管理法》第五十五条规定"以营利为目的，房屋所有权人将以划拨方式取得使用权的国有土地建成的房屋出租的，应当将租金中所含土地收益上缴国家。具体办法由国务院规定"。划拨土地使用权人将土地使用权在一定期限内出租给其他使用者并按期收取租金，将其中的土地收益上缴国家，剩余的可以归属于自己。它也分为两种模式：其一，长期租赁模式一般为三年以上。这样可以给划拨土地使用人带来不菲的租金收入，减少持续招商风险和麻烦，也为承租人长期稳定地从事某一特定产业，持续综合开发划拨土地带来便利。但也容易因期限过长、规定过死而丧失未来发展收益，承受通胀风险。其二，短期租赁模式一般为三年以下。划拨土地使用权人将使用权短期租赁给承租人并收取租金，租金随着经济发展、地价走势适时进行调整，在现有的土地迅速增值时期，能够促进国有土地的保值增值，迅速变现现金流。但其最大的弊端是工作面和监管面过宽，后期招商和变更手续麻烦。承租人在短期内不会持续地开发土地，往往是蜂拥而至的土地投机者、炒房者、中介机构的青睐品。对于国家而言，它是一种不彻底的市场化模式，由于其具有一定的隐秘性，涉及金额也相对较小，实际上真正能够由国家获得土地租金利益并不多，更多情况下为划拨土地使用者占有，流入了划拨土地使用者的小金库。它适合于资金短缺的企业，单位已重组、撤销、迁走而闲置的土地，旧城改造或城建规划中面临调整的零星地块。

3）转为授权经营土地

依照 1999 年 11 月 25 日《国土资源部关于加强土地资产管理促进国有企业改革和发展的若干意见》中规定"采用授权经营、作价出资（入股）方式处置土地资产的，按政府应收取的土地出让金额计作国家资本金或股本金。"从严格意义上来说，授权经营方式不是一种土地资产处置方式，实质上是一种土地资产管理方式。

4）保留划拨方式

根据《国土资源部关于加强土地资产管理促进国有企业改革和发展的若干意见》与《国有企业改革中划拨土地使用权管理暂行规定》相关规定，国有企业涉及的土地使用权，有下列情形之一者，经批准可以采取保留划拨方式处置：

（1）在涉及国家安全的领域和对国家长期发展具有战略意义的高新技术开发领域；

（2）继续作为城市基础设施用地、公益事业用地和国家重点扶持的能源、交通、水利等项目用地，原土地用途不发生改变的；

（3）国有企业兼并国有企业或非国有企业及国有企业合并；兼并或合并后的企业是国有工业生产企业的；

（4）在国有企业兼并、合并中，被兼并的国有企业或国有企业合并中的一方属于濒临破产的企业；

（5）国有企业改造或改组为国有独资公司的；

（6）对承担国家计划内重点技术改造项目的国有企业，原划拨土地可继续以划拨方式使用，也可以作价入股方式向企业注入土地资产。

其中，第（3）、（4）、（5）项保留划拨用地方式的期限不超过 5 年。

2. 授权经营用地退出方式

土地使用权授权经营制度只是国有企业改革中对原划拨土地使用权的一种处置方式，与出让、租赁、作价出资（入股）和保留划拨土地使用权的处置方式相比，土地使用权授权经营并未被土地管理法律法规所确认。按照物权法定的原则，通过授权经营方式取得的土地使用权并不能被确认为一种用益物权，这就直接导致了取得的土地使用权权能不明确。授权经营国有土地使用权的市场化处置必须在现有法律框架下进行。在现有的土地管理法律框架下，授权经营的土地若需要处置，需要先取消授权经营，退回为划拨用地，进一步进行土地处置,划拨土地的处置方式包括：补交出让金转为出让用地、缴纳租金转为租赁用地、土地使用权作价出资转为作价出资（入股）用地、保留划拨用地。

土地资源只有转变成具备经济属性的土地资产,才能进行土地资产经营与土地资本运作。通过对比不同权属土地的情况,划拨用地及租赁用地使用权的转让、出租和抵押受到严格的限制,无法实现土地资产的自由流动。因此,授权经营土地只有通过取消授权经营转变为划拨用地,进而处置为作价出资（入股）用地或出让用地才能扩大土地权能, 见图 6-22。

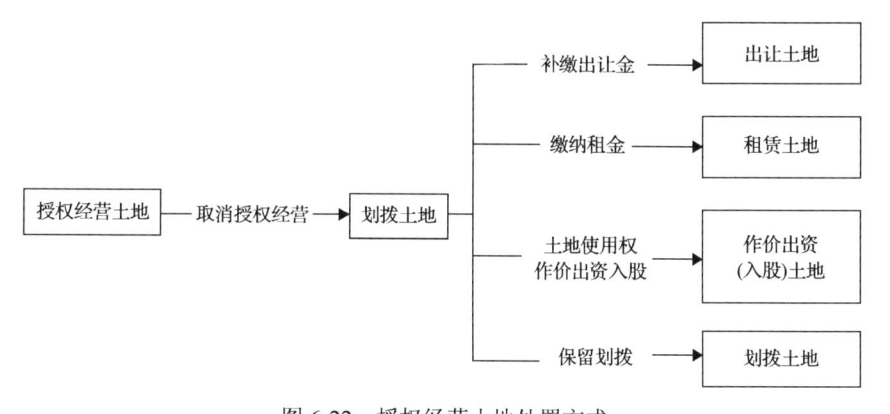

图 6-22　授权经营土地处置方式

首先,通过出让方式配置土地资源是土地资源资产化最彻底的方式,但是采取出让方式处置土地,被授权企业需要一次性支付一笔巨额的土地出让金,将严重影响企业的生产经营；其次,被授权企业通过出让方式取得土地使用权后,需要向财政部门申请注销原授权经营土地使用权评估作价的国家资本金,注销这部分国家资本金意味着企业的所有者权益减少,企业的资产负债率将大大提升。

采用作价出资（入股）方式实现授权经营国有土地权能扩大,企业无需支付出让金便获得了土地使用权,减轻了企业的负担,企业取得的土地使用权可以依照法律、法规关于出让土地使用权的规定转让、出租和抵押。但作价出资（入股）的土地在处分时, 需同时通过国资委和地方土地管理部门批准,见表 6-5。

综上所述,采用出让方式实现授权经营国有土地使用权的市场化将加大企业重负；采用作价出资（入股）无需支付土地出让金,但增加土地处分管理部门将加大土地管理难度。

表 6-5　各权属土地相关情况对比分析

性质	支付情况	使用年限	处分权能	处分管理部门
划拨用地	无偿或低偿	无限期	无	—
租赁用地	缴纳土地租金	固定年限	无	—
授权经营用地	无偿或低偿	固定年限	对企业集团内部转让、作价入股和租赁	国资委
作价出资(入股)用地	无偿	固定年限	转让、作价入股、租赁和抵押	国资委和地方土地管理部门共同管理
出让用地	交纳土地出让金	固定年限	转让、作价入股、租赁和抵押	依法范围内自由处分

3. 出让用地退出方式

土地是企业的一项重要资产,具有一般资产的各种特征,但又具有持续增值、开发收益等自身特性。目前国有土地处置的方式主要有出让、租赁、作价出资或授权经营及无偿划拨四种主要方式,其中每种方式各有利弊,但随着市场经济的不断推进和改革的不断深入,有偿出让无疑将成为未来土地处置的发展趋势,见表 6-6。

表 6-6　不同权属类别土地退出方式综合比较

权属类别	优点	缺点	综合评价
出让	拥有土地的占有、使用、收益及处置多项权能,具有完整土地产权,可进行投资、出租、抵押,属企业法定财产,获得土地经营全部收益	需通过市场"招、拍、挂"形式获得,并支付大量土地出让金	是土地使用制度改革的发展趋势,是一种市场经济下较为理想的土地资产管理模式
作价出资或授权经营	作价出资无需支付土地使用金,即可在使用年限内依法转让、作价出资、租赁或经营　授权经营无需支付土地使用权,即可在使用年限内向其直属、控股、参股企业以作价出资(入股)或租赁配置土地	企业须对土地资产保值、增值负责,受国家监督和运营监管,土地资产处置须经国家同意,土地收益须向国家提成,授权经营法律层次较低	该类土地资产是一种受限制的企业资产,企业只拥有部分权能,是国家土地制度改革过程中一种过渡举措
租赁	以相对较少土地使用费,获得相应短期土地使用权利,租赁合同及房屋可以依法抵押,并获得部分土地收益	属于企业短期性土地资产,其合同转让须经所有者同意,不属于企业法定财产,企业只拥有土地使用和收益两种权能	是在企业无力支付大量土地出让金的条件下,一种解决企业短期生产需要的下策
无偿划拨	无需支付土地使用费	只享有土地的使用权能,不能作为企业资产,仅适用于个别、少数企业	是计划经济时代产物,与市场经济制度不相符

在建立市场经济的过程中,国家对土地资源的配置也逐步从行政配置过渡到市场配置,土地使用制度改革的根本目标就是改土地使用权"无偿、无

限期、不流动"为"有偿、有限期、能流动"。国家土地法律与土地制度改革的方向是建立有偿、有期限、能流动的土地使用制度,实现土地资源配置的市场化,见图6-23。

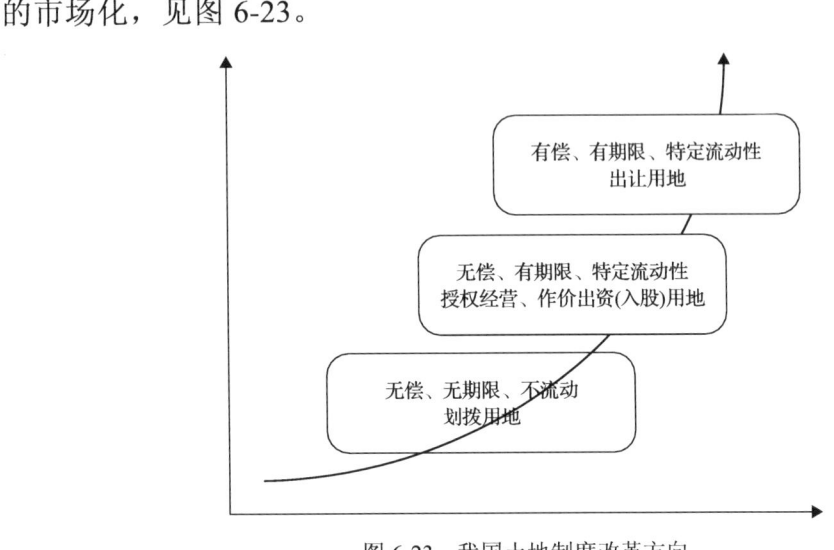

图 6-23 我国土地制度改革方向

(二)对规划范围土地利用性质调整的建议

综合考虑《抚顺市总体规划(2011-2020)》(以下简称《总规》)等一系列相关规划、矿区的地质评价资料、抚顺市目前的相关发展策略,认为目前抚顺市 $74km^2$ 采沉综合实验区的土地利用应当:

(1)以整治东西露天矿坑及采矿影响区的生态环境为核心,将东西露天矿坑及其相关场地改造为城市的生态公园,成为城市未来发展的软实力和新动力。而在当前《总规》中,仍将该地段少部分的土地作为工业用地进行规划;

(2)围绕治理后的城市森林公园,布置环境优美的居住用地,改善原住民的居住环境,提升居民切切实实的幸福感。在现行的《总规》中,该地段仍布置有不少的工业用地;

(3)在靠近重要交通基础设施的地区,布置工业用地与物流设施用地,减少工业生产活动对主城区居民日常居住生活的影响。而在当前的《总规》中,物流设施与相当一部分的工业用地,甚至是三类工业用地还布置在城区附近,不仅不便于工业产品的外出,生产活动也对城市居民的日常生活造成了极大的不利影响,见图6-24。

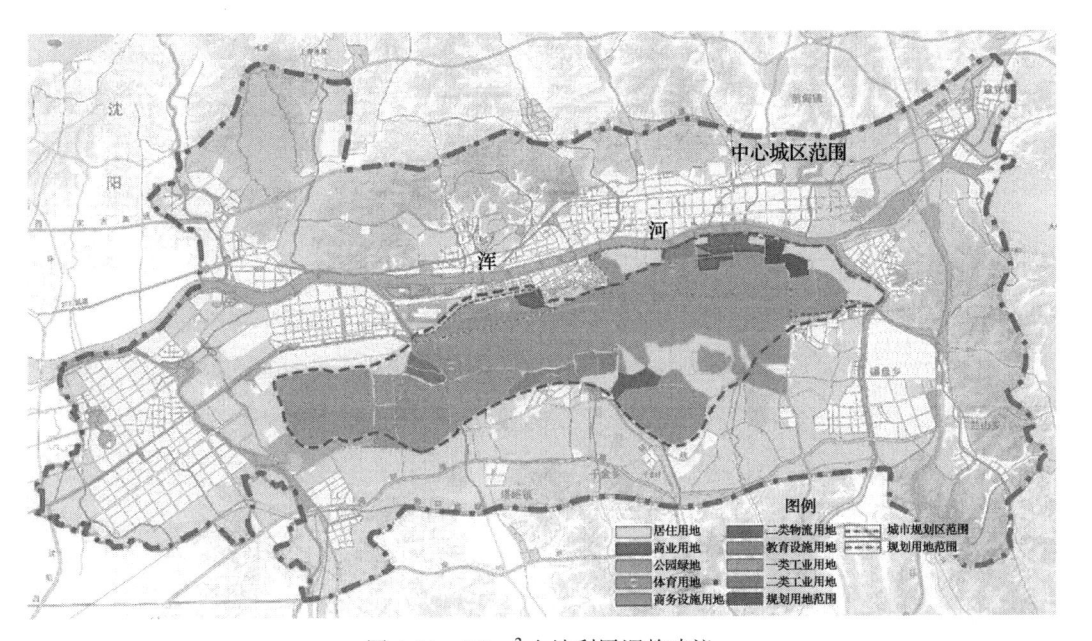

图 6-24　74km² 土地利用调整建议

(三)对抚顺西露天矿的发展战略建议

《抚顺西露天矿治理方案》中提出要将西露天矿坑进行回填,以作为石油战略储备库进行使用。该方法固然有许多优点,但是作者研究发现,该方案仍然有如下几点不合理之处需要指出:

(1)改建成石油战略储备库势必需要大体量的土方与混凝土进行回填,仅仅依靠过去开采出来的煤矸石山进行回填,是绝对不够的,况且,煤矸石山的回填也需要大量的运力,会对城市的交通造成极大的压力,这是不经济的;

(2)抚顺西露天矿南北长 2km,东西宽 6km,最深处超过 400m,这样的地貌的形成已经保持了近 100 年的时间,而且西露天矿距离城市建成区距离较近,周边的水文地质条件较为复杂,大规模的土方回填造成的地质环境影响需要进行复杂的相关论证;

(3)西露天矿的形成经历了逾 100 年的时间,经历了清朝、民国、新中国一共 3 个时期,见证了中国从一个饱受列强欺辱的半殖民地半封建社会逐步走向一个 GDP 世界第二、在世界上具有举足轻重地位的社会主义强国,是中国近百年历史的见证者,同时也是中国工业发展的见证者。抚顺城市的发展也与西露天矿密不可分,若一味地将西露天矿进行回填,势必会导致抚顺的城市记忆的缺失,同时也是对工业遗存的极大的破坏;

(4)西露天矿距离城市过于接近，若地下埋有大量石油，一旦发生危险，城市居民的生命安全将会受到极其严重的威胁，后果不堪设想。

鉴于此，也综合考虑到先前所做规划中西露天矿闭坑后所需承担的城市职能，可以在对西露天矿不进行土方回填的基础上，采取少量的工程技术措施，进行改造再利用，理由如下：

(1)西露天矿南北长 2km，东西宽 6km，最深处超过 400m，气势恢宏，壮丽的景象堪比一些自然形成的大峡谷，而且相对于自然大峡谷远离城市之外，矿坑就位于抚顺城南，其本身就是一道独特的自然地质景观；

(2)可以和抚顺郊区的自然山水景观相互补，与传统的其他山水景观错位发展，相互带动促进，共同吸引区域内的旅游观光客源；

(3)保留住城市的记忆，延续城市文脉；

(4)相对填坑的方案，无需大量的土方，且无需对地质环境做大量的修改，相对较为经济。

综上所述，本书对西露天矿提出如下利用建议：

(1)对南坡的朝北向坡地进行植被恢复，种植大量植物进行固坡，阻止边坡垮塌，同时提升地区的自然环境条件，形成一年四季均有植被覆盖的城市森林峡谷。待边坡稳定后，布置不同类型、不同需求的游览、健身线路于其中，并与矿坑内其他功能区域相贯通。

(2)充分利用好西露天矿的朝南的北向坡地，首先使用工程技术手段对其进行边坡加固，消除边坡垮塌这一灾害，随后在北坡上建造退台式建筑，再利用计算机模拟，使自然光线能够折射进入建筑之中，以此充分保证建筑的采光能力，提升建筑的实用性。建造出的建筑，能获得最佳日照条件的建筑可作为住宅面向市场，进行销售或租赁；相对日照条件较差的房屋可作为商业街区或办公场所进行使用；完全没有自然采光的空间，可以作为城市或本地区的交通空间进行利用。同时，与南坡茂密的植物共同配合，使抚顺成为一座既能享受城市各项生活服务同时也能亲近自然的"田园城市"。

(3)坑底地质条件较为复杂的区域，进行人工水面的修建，提升环境品质，提升动物多样性，保证使用者的身心健康，也可考虑对水域进行利用，如引入大量水生动植物作为水族馆等。

(4)由于西露天矿东西宽约 6km，对城市的南北向交通造成了极其严重的阻碍，对城市的切割非常严重，极大地限制了城市的发展，因此，通过对总体规划中道路网结构的分析，可在矿坑上建立两座南北向横跨矿坑的大桥，来完善城市道路网，高耸的桥塔一来可以成为矿坑上的观光制高点，二来也可以作稳定矿坑地质环境之用。

上述 4 点描绘出了一个集山水峡谷与高桥飞跨南北的人工景观为一体的新型城市社区。

四、后工业化研究的优缺点评价

(一)优点

(1)充分调动了西露天矿周围的资源要素，形成了丰富的产业形态；

(2)因地制宜，各项规划都考虑了地块的资源条件；

(3)顺应煤矿转型发展趋势，有较好的发展前景；

(4)北侧的工业遗产公园规划考虑了地块和城市的拼接及城市肌理延续的问题，使工业遗产资源得到保护，进行合理的改造使得这些工业设施重新被激活；

(5)充分结合当地现有产业，产业基础较好；

(6)符合最新的发展潮流，发展思维前卫；

(7)充分挖掘城市历史文化特色，留住了城市记忆；

(8)"产学研"一体的发展思维，引入了创新人才，有较强的发展潜力。

(二)缺点

(1)相对于再工业化道路，此模式在抚顺市目前的基础较差，本地目前的旅游等资源尚未形成完整的体系，且发展水平较低，对外吸引力不足；

(2)产业发展模式较为理想化，能否成功亟待验证；

(3)矿业企业仍然处于正常的开采活动中，如何平衡开采活动与旅游等其他活动，需要非常多的论证。

第三节　抚顺露天矿抽水蓄能电站技术研究

再工业化的途径有多种，如油页岩产业、油气储存产业、新能源及抽水蓄能产业、工业旅游产业等。其中，利用废弃矿坑建设抽水蓄能电站是一条一举多得、协同发展的途径。

太阳能、风能等新能源发展的瓶颈在于储能,智能电网的关键环节也在于储能。目前,大规模储能已经成为新能源和智能电网发展的瓶颈。在目前所有的储能技术中,抽水蓄能是最成熟、最廉价、最可行的规模化储能技术。目前,抽水蓄能主要面临的难题在于选址,需要统筹考虑技术、经济、社会、生态、环境等一系列的制约因素。

充分利用露天矿的矿坑条件,构建抽水蓄能电站,可以协同解决经济、社会、生态、环境等各方面的问题,一举多得,相得益彰。建设抽水蓄能电站,不但可以解决产业接续问题,而且可以突破沈抚区域新能源发展的瓶颈问题,促进新能源的快速发展。另外,在电站建设过程中必然伴随生态和环境修复,也为旅游和生态产业提供了有利条件。

一、抽水蓄能电站工作原理

抽水蓄能电站又称蓄能式水电站,主要利用电力负荷低谷时的电能抽水至上水库,在电力负荷高峰期再放水至下水库发电。

抽水蓄能电站一般由上水库、下水库、厂房和输送水系统组成。

上下水库是储存水量的工程设施,电网负荷低谷时段可将抽上来的水储存在上水库内,负荷高峰时段由上水库放下来发电。

输送水系统是输送水量的工程设施,在水泵工况(抽水)把下水库的水量输送到上水库,在水轮机工况(发电)将上水库放出的水量通过厂房输送到下水库。与常规水电站一样,输送水系统包括水库的进出水口、引水隧洞、压力管道和调压室。

厂房是放置抽水蓄能机组和电气设备等重要机电设备的场所,也是电厂生产的中心。抽水蓄能电站无论是抽水、发电等基本功能,还是发挥调频、调相、升荷爬坡和紧急事故备用等重要作用,都是通过厂房中的机电设备来完成的。

抽水蓄能电站作为一种以水力带动电力发展的清洁发电方式,具有启动快、负荷跟踪迅速和反应快速的特点,它既是一个电站,又是一个电网管理的工具,具有发电、调峰、填谷、调频、调相、旋转备用、事故备用和黑启动等多种功能,同时有节能减排和保护环境的特点,这些年来得到快速的发展,并成为电力系统的一个重要组成部分。

二、抽水蓄能电站发展现状

抽水蓄能电站的产生已经有 100 多年的历史,其发展历程和社会经济发展息息相关。在 1973 年世界石油危机前,欧美日等经济发达国家和地区经历了长达 20 余年的经济高速增长期。20 世纪 70 年代和 80 年代,抽水蓄能电站装机容量平均增长率分别达到了 11.26% 和 6.45%,为火电和常规水电的两倍多。50 年代,西欧各国领导着世界抽水蓄能电站建设的潮流,抽水蓄能电站装机容量占世界抽水蓄能电站总装机容量的 35%～40%。到 60 年代后期,美国抽水蓄能电站装机容量跃居世界第一,并保持了 20 多年。进入 90 年代后,日本后来居上,超过美国成为抽水蓄能电站总装机容量规模最大的国家,保持至今。目前,日本、美国、西欧各国家和地区抽水蓄能电站总装机容量之和占到世界抽水蓄能电站总装机容量的 80% 以上。

到 2004 年,全世界抽水蓄能电站总装机容量已经达到 1.22 亿 kW。日本、美国及西欧等国家和地区抽水蓄能技术发展较快,部分国家抽水蓄能机组占全国装机比重超过 10%,其中奥地利达到 16%,日本达到 13%,瑞士达到 12%,意大利达到 11%。

与先进国家相比,我国抽水蓄能电站建设起步较晚。20 世纪 60 年代后期,我国从国外引进第一台抽水蓄能机组(河北省岗南水电站),迄今已有 50 多年历史。80 年代以后的近 30 年内,我国经济处于高速发展期,期间电力负荷增长较快,抽水蓄能电站建设也得以迅速发展。70 年代末,我国开始抽水蓄能技术的研究工作,80 年代末开始我国第一座混流式大型蓄能电站(十三陵)的设计研究工作,90 年代先后建成了广蓄一期(1200MW)、十三陵(800MW)和天荒坪(1800MW)等第一批大中型抽水蓄能电站。21 世纪初,我国抽水蓄能电站建设迎来了一个建设高潮,有 11 座抽水蓄能电站陆续开工,总规模达到 11220MW。

截至 2008 年底,我国抽水蓄能电站投产规模 10945MW,主要分布在经济比较发达的华东、华北和南部沿海地区,约占全国装机总容量的 1.38%。

三、抽水蓄能电站发展趋势

随着我国新兴能源的大规模开发利用,抽水蓄能电站的配置由过去单一的侧重于用电负荷中心逐步向用电负荷中心、能源基地、送出端和落地端等多方面发展。

(一)新能源的迅速发展需要加速抽水蓄能电站建设

风能、太阳能是一种随机性、间歇性的能源，不能提供持续稳定的功率，发电稳定性和连续性较差，这就给并网后电力系统实时平衡、保持电网安全稳定运行带来巨大挑战，同时风电、太阳能的运行方式必将受到电力系统负荷需求的诸多限制。抽水蓄能电站具有启动灵活、爬坡速度快等常规水电站所具有的优点和低谷储能的特点，可以很好地缓解风电、太阳能给电力系统带来的不利影响。

核电机组运行费用低，环境污染小，但核电机组所用燃料具有高危险性，一旦发生核燃料泄漏事故，将对周边地区造成严重的后果；同时，由于核电机组单机容量较大，一旦停机，将对其所在电网造成很大的冲击，严重时可能会造成整个电网的崩溃。在电网中必须要有强大调节能力的电源与之配合，因此建设一定规模的抽水蓄能电站配合核电机组运行，可辅助核电在核燃料使用期内尽可能地用尽燃料，多发电，不但有利于燃料的后期处理，降低了危险性，而且有效降低了核电发电成本。

因此，通过配套建设抽水蓄能电站，可降低核电机组运行维护费用、延长机组寿命；有效减少风电、太阳能并网运行对电网的冲击，提高风电、太阳能和电网运行的协调性及电网运行的安全稳定性。

(二)特高压、智能电网的发展需要加速抽水蓄能电站建设

国家电网公司正在推进"一特四大"的电网发展战略，即以大型能源基地为依托，建设由 1000kV 交流和 ±800kV 直流构成的特高压电网，形成电力"高速公路"，促进大煤电、大水电、大核电、大型可再生能源基地的集约化开发，在全国范围内实现资源优化配置。同时，将以特高压电网为骨干网架、各级电网协调发展的坚强电网为基础，发展以信息化、数字化、自动化、互动化为特征的自主创新、国际领先的坚强智能电网。

特高压交流输电系统的无功平衡和电压控制问题比超高压交流输电系统更为突出。利用大型抽水蓄能电站的有功功率、无功功率双向、平稳、快捷的调节特性，承担特高压电力网的无功平衡和改善无功调节特性，对电力系统可起到非常重要的无功/电压动态支撑作用，是一项比较安全、经济的

技术措施，建设一定规模的抽水蓄能电站，对电力系统，特别是坚强智能电网的稳定安全运行具有重要意义。

(三)储能产业正处起步阶段抽水蓄能建设加速

对新能源和可再生能源的研究和开发，寻求提高能源利用率的先进方法，已成为全球共同关注的首要问题。对中国这样一个能源生产和消费大国来说，既有节能减排的需求，也有能源增长以支撑经济发展的需要，这就需要大力发展储能产业。

我国电力系统建设正处于快速发展阶段，用电高峰时的供电紧张、有功无功储备不足、输配电容量利用率不高和输电效率低等问题都不同程度地存在。同时，越来越多的大型工业企业和涉及信息、安全领域的用户对负荷侧电能质量问题提出更高的要求。这些特点为分散电力储能系统的发展提供了广泛的空间，而储能系统在电力系统中的应用可以达到调峰、提高系统运行稳定性及提高电能质量等目的。

抽水蓄能是电力系统最可靠、最经济、寿命周期最长、容量最大的储能装置。为了保障电源端大型火电或核电机组能够长期稳定地在最优状态运行，需要配套建设抽水蓄能电站承担调峰调荷等任务。

截至2008年，我国已建成抽水蓄能电站20座，在建的11座，装机容量达到1091万kW，占全国总装机容量的1.35%。而一般工业国家抽水蓄能装机占比为5%～10%，其中日本2006年抽水蓄能装机占比即已经超过10%。我国抽水蓄能电站的占比明显偏低。

储能本身不是新兴的技术，但从产业角度来说却是刚刚出现，正处在起步阶段。中国没有达到类似美国、日本将储能当作一个独立产业加以看待并出台专门扶持政策的程度，尤其在缺乏为储能付费的前提下，储能产业的商业化模式尚未成形。

四、抚顺露天矿抽水蓄能电站的建设意义

(1)建设抽水蓄能电站可以变害为宝，解决抚顺露天矿严峻的环境问题。

抚顺西东露天矿目前主要存在四个方面的问题：一是边坡滑移、地面变形等地质灾害，影响区面积达到57.8km^2；二是影响城市规划，采矿影响区域占城市建成区的42.5%；三是排水问题，西露天矿矿坑地下涌水量根据多

年统计平均每年为 2456 万 m³，日排水量接近 7 万 m³，在矿区生产阶段大部分排水能够得到利用，一旦停采，矿坑积水排除问题难解决；四是环境污染问题，煤矸石、油页岩等煤产品废渣除了产生大量粉尘外，还在空气中自燃，释放含硫气体污染大气。

(2)抚顺露天矿抽水蓄能电站可以和新能源有效结合。

据测算，抚顺市露天矿坑具有 3000MW 以上的储能潜力，完全可以建设成为辽宁省的电力储蓄中心。

从地理位置上看，抚顺市地处辽宁省东北部，城市区域辐射沈阳、本溪、铁岭等城市，是辽宁五大区域发展战略——"沈阳经济区"的核心城市之一，见图 6-25。抚顺未来如果建设成为辽宁省的储能基地，那么对周边城市的电力分配和稳定供给都具有良好的作用。此外，抚顺拥有辽宁省 23%的光电站和 28%的风电站。抽水蓄能电站可以将光电、风电等不稳定的"垃圾电"变为"优质电"。

图 6-25　抚顺市为中心的区域范围

(3)抚顺露天矿抽水蓄能电站可以缓解东北电网调峰压力。

东北电网的调峰装机容量不到 2%，距合理的抽水蓄能电站装机 8%～15%尚有较大空间。因此，建设抚顺露天矿抽水蓄能电站可以大大缓解东北电网，特别是辽宁省电网的调峰压力。

五、抚顺露天矿抽水蓄能电站的有利条件

(一)西东露天矿坑可构成抽水蓄能电站的水库

西露天矿坑东西长 6.6km，南北宽 2km，深 400 余米(坑底最低高程已到海平面以下 350m)，形成一个占地面积 10.87km^2、总体积达 15 亿 m^3 的"亚洲第一大矿坑"。东露天矿坑东西长 6.0km，南北宽 1.5km，面积 9.0km^2。

(二)开挖的排土场可构成抽水蓄能电站的上水库

汪良舍场面积达到 5.1km^2，最高海拔 144.6m；西露天矿东舍场面积 8.5km^2，最高海拔 184.4m；西露天矿西舍场面积达到 12km^2，最高海拔 173.9m。

(三)浑河可构成抽水蓄能电站的上水库或水源

西露天矿坑距离北侧浑河约 3km，距离西侧古城子河约 1.5km。

六、抚顺露天矿油水共储方案

抚顺露天矿油水共储方案的特点是首先在废弃矿坑内回填基础填土层，在填土层上方布置耐压储油单元及相应管路，这些布置与储油方案完全一致。在上述工程的基础上，在储油层上方覆盖 50m 厚的填土层，并覆盖沥青混凝土进行防水处理。之后顶部近 200m 深的区域直接充填水体，形成巨大的地表湖泊，见图 6-26。

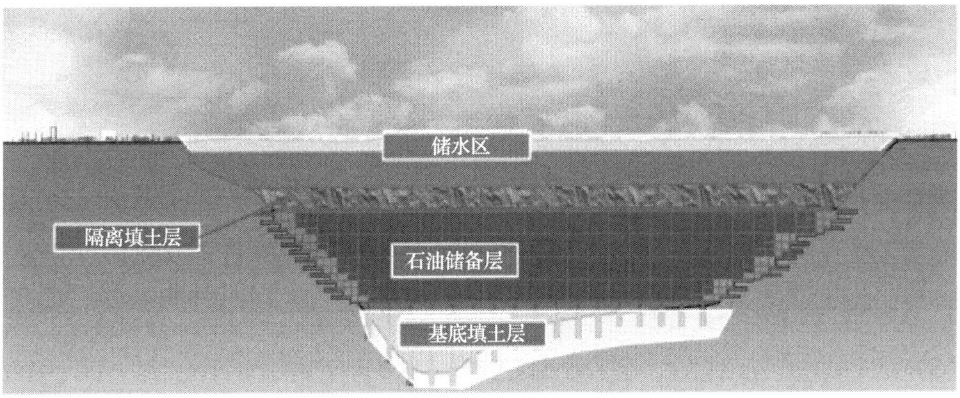

图 6-26　抚顺露天矿油水共储方案

抚顺露天矿油水共储方案，具有下列优点。

(一)结合抚顺市的地理和产业优势，充分利用露天矿坑的空间

根据抚顺市发展战略，石油工业是该市的支柱产业之一，也是城市产业结构转型的关键。本方案在露天矿坑的下部储存石油，上部储存水，使得矿坑既成为巨型储油仓，又成为抽水储能的蓄能器，一物多用。油水之间填埋50m厚的隔离土层，可有效防止储备石油的溢出。采取共储方案后，整个矿坑的空间均可分别创造效益，项目效益超越单一的储能或者储油工程。

(二)工程施工量大大低于单纯储油方案

原储油方案需要在储油层上方覆盖100m厚的脱硫沙石，还要在沙石层上再覆盖50m厚的熟土层，这些施工大大增加了工程造价。而采用油水共储后，隔离用的沙石无需经脱硫处理，而且厚度仅仅为50m，土方施工量大幅度下降。

(三)油水共储形成了层次更加丰富的地表景观

采用油水共储方案后，地表景观将形成湖泊、森林、山地共存的地表格局，大大丰富了地表的景观层次。

七、抽水蓄能电站方案Ⅰ：浑河上水库-露天矿坑下水库

本方案将浑河作为上水库、东西露天矿均改造为下水库，见图6-27。
该方案优点在于：
(1)系统相对简单；
(2)管线布置距离较短。
该方案缺点在于：
(1)穿越城市施工，风险较大；
(2)浑河与两座下水库之间落差相对较小，效益受到限制；
(3)储能过程可能对浑河河床造成强烈冲刷，加剧了工程风险。

八、抽水蓄能电站方案Ⅱ：东露天矿上水库-西露天矿下水库

本方案将东露天矿改造为上水库，西露天矿改造为下水库，见图6-28。

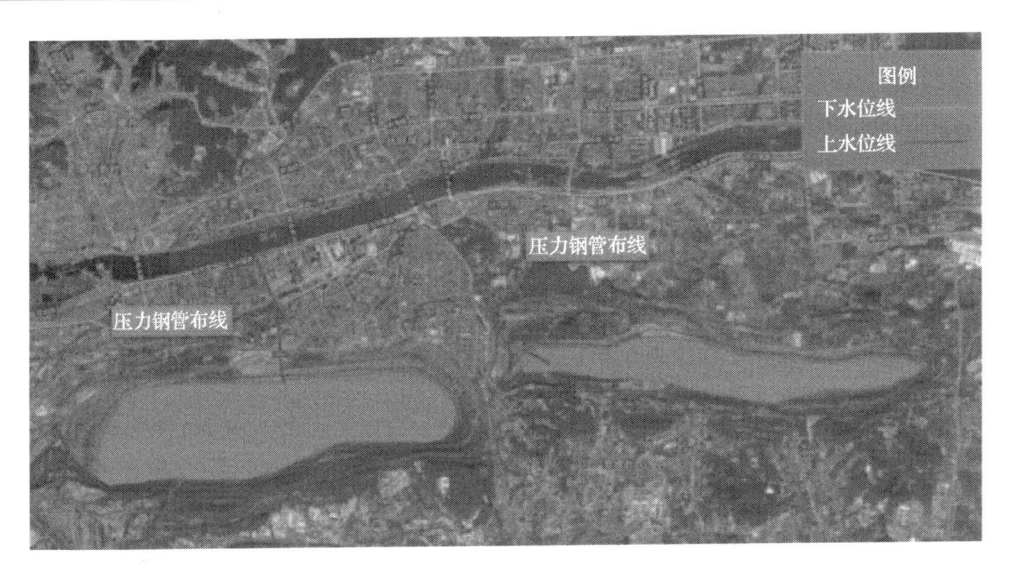

图 6-27 抽水蓄能电站方案Ⅰ

图 6-28 抽水蓄能电站方案Ⅱ

水库之间的落差主要靠储油区厚度不同来实现。西矿区储油层厚度控制在 100m 左右，东矿区按原计划建造 200m 厚的石油储层。再利用东西矿储水高度的不同，在两个库区之间可形成 150m 左右的水位高度差，足以构建抽水储能电站，见图 6-29。

该方案具有如下优点：

(1)施工区域不穿越城市下部，工程安全性高；

(2)压力钢管管线距离短，有助于减少流体流动损失。

该方案的不足之处在于：

图 6-29　抽水蓄能电站方案Ⅱ系统示意图

（1）为了形成足够的高差，西矿区储油层厚度削减，储油能力减少 60% 以上；

（2）东西露天矿两侧水位差距难以拉开，抽水储能的效益受到一定限制；

（3）填埋东西露天矿的取土来自排土场，而本方案未照顾到排土场的地表修复问题。

九、抽水蓄能电站方案Ⅲ：开挖的排土场上水库-西东露天矿下水库

本方案将东西露天矿均改造为下水库，开挖的排土场作为上水库，见图 6-30。

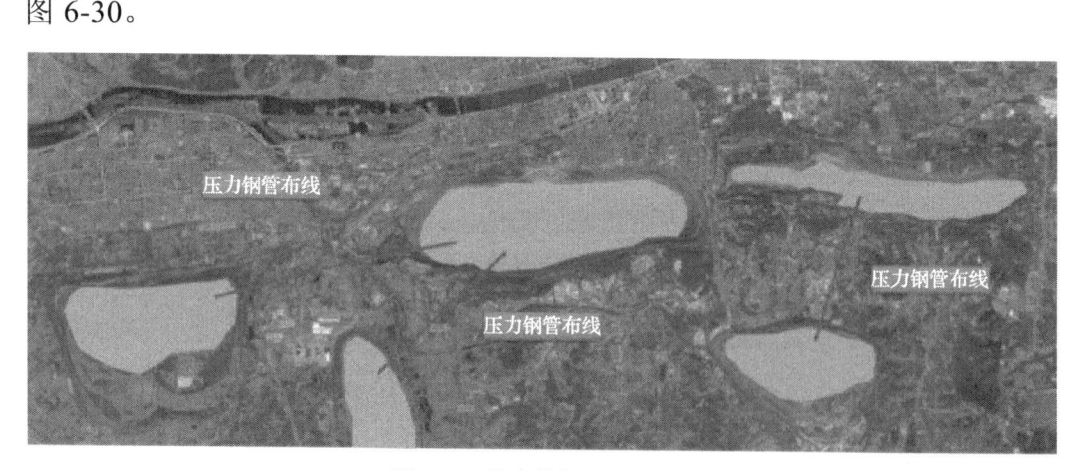

图 6-30　抽水蓄能电站方案Ⅲ

排土场地势高于露天矿，利用天然的地理优势，在排土场和东西露天矿之间可形成 200m 以上的水位高度差，便于构建抽水储能电站，见图 6-31。

该方案具有如下优点：

（1）施工区域不穿越城市下部，工程安全性高；

图 6-31　抽水蓄能电站方案Ⅲ系统示意图

(2)利用天然地理优势，无需缩小储油层厚度，可以最大限度发挥油水共储的效益；

(3)地理优势的利用可以形成最大的水位落差和最优的库区面积，便于充分发挥抽水储能的优势；

(4)排土场的土方用于东西矿坑的回填后，挖掘形成的洼地正好被开发成上水库，无需其他迹地修复手段，物尽其用；

(5)由于现场存在多座排土场，便于将整个工程分成若干个工期分段实施，有助于降低投资压力。

该方案的不足之处在于：

(1)排土场距离东西露天矿距离较远，管线铺设距离长；

(2)各期工程水系统相对复杂，需要良好的工程规划。

十、抚顺露天矿抽水蓄能电站方案Ⅲ的关键指标

针对抚顺露天矿现状，共提出 3 种抽水蓄能电站方案，分别如下：

(1)抽水蓄能电站方案Ⅰ：浑河上水库-西东露天矿下水库；

(2)抽水蓄能电站方案Ⅱ：东露天矿上水库-西露天矿下水库；

(3)抽水蓄能电站方案Ⅲ：开挖的排土场上水库-西东露天矿下水库。

这 3 种方案各有优缺点，经过综合比较，推荐选用抽水蓄能电站方案Ⅲ，即将东西露天矿均改造为下水库，开挖的排土场作为上水库。排土场地势高于露天矿，利用天然的地理优势，在排土场和东西露天矿之间可形成 200m 以上的水位高度差，便于构建抽水储能电站，抚顺露天矿抽水蓄能电站方案

Ⅲ的关键指标见表 6-7。

表 6-7　抚顺露天矿抽水蓄能电站方案Ⅲ的关键指标

项目	单位	数值
储油容积	m³	425250000
储油重量	t	302937882
储水容积	m³	625000000
水库毛蓄能量	kW·h	340599455
装机容量	万 kW	720
日利用时长	h	8
年利用时长	h	2920
年发电量	万 kW·h	2102400
设计流量	m³/s	2160
主洞输水管道直径	m	19.82
引水支洞管道直径	m	16.58
尾水隧道管道直径	m	26.22
上水库死水位	m	106.471
上水库工作深度	m	180
下水库死水位	m	−150

第七章

闭矿影响下城市转型期
面临的问题与对策研究

截至 2017 年底，全国共计 439 座露天煤矿。其中，已经闭坑的露天煤矿 10 余座，面临闭坑的露天煤矿 30 余座，主要分布在东北、新疆和陕西等地。20 世纪五六十年代开采的露天煤矿多为倾斜、急倾斜深凹露天矿，开采后留下巨大的矿坑和排土场，在闭坑前后均进行了治理，多数以土地复垦为主，其中少数逐步形成了"因煤而建"的资源枯竭型城市。国内学者基于壁垒效应研究发现，煤炭城市转型过程中进入壁垒强度与退出壁垒强度呈负相关。国有大型煤炭企业退出煤炭开采行业需面对土地流转、员工分流、设备处理等问题，退出壁垒对企业乃至城市转型的阻碍作用明显，转型所需成本较大，治理难度较大，而紧邻区域经济中心且具备开发利用潜力的露天矿坑治理和利用方式作为世界级难题，是制约资源枯竭型城市转型发展的关键所在，尚有一些重大瓶颈问题亟待解决。

一、资源枯竭型城市成立转型工作领导小组，统一领导协调城市转型路径

经过一个多世纪高强度开采，资源枯竭型城市现保有煤炭资源普遍较差，开采深度大，多种灾害并存，治理难度大。同时，有些城市"因煤而建、因煤而兴"，在国家确定的 2020 年窗口期内，面临煤炭枯竭的转型城市应最大限度地争取国家对资源枯竭型城市的相关扶持政策，实现在煤炭开采上的有序退出，避免中心城区出现新的开采破坏，使老工业基地早日走上以"生态发展、绿色发展"为主线的可持续发展之路。抚顺市是"资源枯竭型城市+老工业基地"的典型代表，尽快对此类矿区转型发展，特别是露天矿坑综合利用开展专门的研究十分必要，且迫在眉睫。

长期以煤为主的经济发展模式造成资源枯竭型城市其他产业发展滞后，失去煤炭主业后，城市中其他产业难以接纳大量下岗工人，造成城市失业率升高，影响政府财政收入，不利于城市转型。因此，资源型城市的综合治理及转型离不开煤炭开采企业的转型，矿业集团长期从事煤炭开采工作，劳动力专用性强，发展与煤炭跨度过大的产业不利于其未来发展，城市应将与煤炭产业相关度较高的油页岩、煤层气、煤机制造等领域定为近期重点支持产业，保证矿业集团顺利转型，便于其员工及其家属转产就业，保证居民基本生活品质不下降。

建议由国家发展和改革委员会、国家能源局和自然资源部牵头成立部际协调领导小组，尽快对全国露天煤矿进行摸底调查，研究制定全国露天煤矿废弃矿坑利用规划,根据露天矿坑所处的区位、产业基础、开采与排弃方式、服务时间,本着变"被动治理"为"主动利用"的原则研究露天矿坑综合利用新模式,为废弃露天煤矿的治理及综合利用把舵定向。统筹研究废弃露天煤矿治理及综合利用的相关政策,促进露天煤矿有序退出和科学利用。

二、根据条件设立国家资源型城市可持续发展转型创新试验区

露天矿开采面积大,对城市破坏影响严重,是制约许多资源枯竭型城市在 2020 年窗口期内完成转型任务的关键因素。单个露天矿开采所引发的地质灾害频发、排土场占地总面积多达上百平方千米,大量土地未被有效利用,探索缺少建设用地区域与闭坑露天矿土地置换模式,制定相关支持配套政策与措施,促进矿山地质灾害区的综合治理与开发利用,建议统筹研究露天矿坑综合利用与资源枯竭型城市转型的路径方法,设立国家级露天煤矿资源枯竭型城市可持续发展转型创新试验区,适时设立资源型城市转型发展国家级科研平台和废弃露天矿综合利用规划与设计研究平台,设立废弃矿坑综合开发利用和资源枯竭城市转型发展国家重大研发专项。通过政策创新、体制机制创新和路径创新,大胆先试先行,促进露天煤矿资源枯竭型城市早日走上以"生态发展、绿色发展、和谐发展"为主线的可持续发展之路。

资源型城市转型发展,最重要的是体制机制的创新。要按照"绿水青山就是金山银山"的发展理念,打破以往资源枯竭型城市单纯依靠国家"输血式"扶持的局面,依靠体制机制创新,标本兼治,全面激发经济发展内生动力。国家也十分重视资源型城市的创新问题,国家发展和改革委员会在2017 年 1 月发布的《国家发展改革委关于加强分类引导培育资源型城市转型发展新动能的指导意见》中明确提出"选择具备条件的城市(地区)创建转型创新试验区和可持续发展示范市"。

抚顺深受矿山地质灾害之苦,资源过度开发对城市经济、生态环境和社会稳定造成了极为严重的负面影响,在全国具有典型意义。同时,抚顺区位优势明显,发展潜力较大,在接续产业发展、棚户区改造等方面积累了大量实践经验,具备了开展创新试验的有利条件。因此,在抚顺市应建设国家级资源型城市可持续发展转型创新试验区(或资源型城市转型发展特区),加大改革力度。

以抚顺市"一区、两坑、五场"(一个采煤沉陷区、两个露天煤矿、五

个排土场)74km² 的采煤影响区为核心，联动高新技术产业开发区、胜利经济开发区和望花经济开发区，在总计面积约 180km² 的范围内，享受国家自贸区、国家经济开发区的相关政策，积极探索矿城共融、以建促治、产业推动的转型发展模式，在体制机制、资源产权、城市治理、土地政策、财政政策、金融政策、产业扶持政策等方面进行大胆改革尝试、创新突破，解决矿山地质灾害区的安居、就业、土地生态恢复和接续产业问题，实现发展破题。

三、全国露天矿坑分区分时规划利用，单个露天矿坑分区综合利用

尽快研究制定全国露天矿矿坑利用规划。根据露天矿坑所处的地理位置、排弃方式及服务时间，研究露天矿矿坑利用新模式。根据区域经济发展情况，优先考虑东北老工业基地露天矿坑综合利用和城市转型，作为首批露天矿坑综合利用和城市转型试点示范。

针对单个露天矿而言，建议采用分区利用。以抚顺露天矿为例，西露天矿矿坑没有采煤作业，仅作为东露天矿的内排土场。如果不进行开发利用，在非内排区域存在较大的滑坡风险。西部作为内排压帮区，减小边坡滑坡等地质灾害风险，增加城市固废处理空间。东北实施分布式发电、油气储存等空间利用。中部变形集中区，做整治治理，实际性利用风险较高。建设集工业、商业、仓储、创意文化、休闲娱乐、生态恢复为一体的新型露天矿坑、采煤沉陷综合治理示范区，成为资源型城市可持续发展示范市转型发展的核心产业承载地。

四、开展能源开发、储备、调配等资源利用规划的可行性技术方案研究

建议充分利用废弃露天煤矿巨大的空间资源优势，重点考虑建设石油储备库或天然气调峰库、抽水蓄能电站和光伏发电等能源方面的重大项目，同时布局与之配套的上下游产业，并研究制定配套的体制机制和相关政策，加快资源型城市再工业化进程，实现新旧动能转换，促进资源型城市转型为新型能源城市。结合国家能源战略布局，将部分项目建设成为国家战略项目，一方面挖掘废弃露天煤矿的利用价值，变露天矿治理的"成本中心"为接续产业发展的"效益中心"；另一方面保障国家的国防安全、能源安全和产业安全。选择典型露天矿坑资源型城市先行先试，通过一批专项示范工程，带动资源型城市转型为新型能源城市。

抚顺作为老工业基地，油页岩资源丰富，且加工产业链完善，目前石化产业仍是抚顺市最重要的支柱产业。但随着大庆油田的减产、抚顺周边地区炼油产能的扩大，抚顺石化公司将面临供给困难。煤炭已近枯竭，石化产业出现断崖式下滑，城市的生存将面临严峻挑战。因此，建议政府帮助协调国家重大生产力布局，特别是战略性新兴产业布局重点向抚顺倾斜，引进具有牵动性的重大项目，推动抚顺市转型升级。由于抚顺是具有老工业基地和资源型城市双重属性的城市，本书提出的在抚顺建设战略性石油储备设施或抽水蓄能电站的方案，不仅可以大量节省土地资源和建设成本，还可以提升我国的战略能源安全，必将起到以点带面的作用，助推东北振兴及资源型城市转型的国家战略。

五、开展抚顺西露天矿资源开发利用规划研究

（一）土地政策

由于我国现行土地储备和"招拍挂"制度赋予了国家垄断土地供应的特殊权利，国家在企业土地退出利益分配博弈中一直占据优势地位，导致土地收益分配缺失公平和效率。另外，目前矿区土地大部分属于划拨或授权经营用地，其权能配置的局限性阻碍了煤炭企业自身盘活利用土地、就地转型和内生发展。

不同于破产企业清算和老工业土地退城入园，资源枯竭型煤炭企业在依托于原有的产业优势和国家政策积极进行主业异地转移的同时，仍然面临产业就地转型、下岗职工安置、生态环境治理的社会责任。矿区土地的功能性退出将收回企业在该城市最后的主业资本。而企业搬迁或主业转移将为政府遗留较多社会问题，严重影响社会稳定与企业发展。同时，我国国有大型矿山企业隶属省级部门垂直领导，一般自成一体，长期的独立运营形成"城中之城"现象。所谓"城中之城"指的就是企业和地方政府各行其是、各自为政的状态，大企业与小政府的格局带来诸多矛盾，权属上的复杂关系及封闭独立的地理位置给存量土地的再开发带来诸多障碍。因此，矿业用地退出过程中，煤炭企业与地方政府的矛盾日益尖锐。

针对抚顺露天矿的现状：①建议政府对已授权矿业集团经营的土地，允许其作为法人资产，在本企业内转让、作价出资、出租、抵押。②对改变土

地用途的，应列入当地政府土地储备计划，公开上市出让，净收益由当地政府和矿业集团按比例分享。③改制和国有产权转让时将划拨土地使用权按评估价的一部分作为需缴纳的土地出让金转入应付款科目，其余部分与企业其他净资产一并公开挂牌转让，由改制后的企业办理土地出让手续，取得国有出让土地使用权。

(二)人员安置

我国煤炭企业员工数量远远高于世界先进水平，煤矿关停，市场劳动力需求迅速下降，在各个工资水平上劳动力需求减少。同时，煤矿关停造成煤炭企业裁员，大量劳动力被推向劳动力市场，在各个工资水平上劳动力供给提高，理论上，劳动力价格下降。事实上，关停煤矿的职工不可能接受工资下降的结果，在外出劳务较为方便的情况下工人会选择离开城市寻求相同工资水平的工作，为保障必要的劳动力供给，避免城市劳动力流失，煤炭企业仍要保持原有工资水平，避免劳动力市场不能达到均衡，产生劳动力过度供给，劳动力需求量下降，市场调节失灵。

根据分析，在劳动力供给弹性较低的情况下，资源型城市转型带来的煤炭企业工资下降不会造成城市劳动力大量流失，城市劳动力供给不会受到较大影响，则有利于资源型城市顺利转型。在劳动力需求弹性较低的情况下，煤炭产业转型造成的产业工人下岗不会造成城市劳动力流失，下岗工人方便在城市中找到新的工作，城市劳动力总体需求不会受到较大影响，则有利于资源型城市顺利转型。因此，对于像抚顺这样的资源型城市来说，煤炭产业工人再就业能力及城市中其他产业的接续能力是影响资源型城市劳动力供需弹性的关键。而我国煤炭产业工人学历普遍较低，劳动技能单一，煤炭企业减产造成工人失业后煤炭产业工人难以找到新的工作岗位，给城市带来巨大的转型产业压力。

地区应出台相关政策：①鼓励产业相关人员积极学习，鼓励抚顺矿业集团对煤炭工人提前进行关联职业的职业培训；②抚顺可作为试点城市，减弱一些职业的准入门槛，拓展产业工人的工作能力，降低城市内劳动力供给弹性，使煤炭产业工人方便再就业，减轻企业、城市转型压力；③同时，抚顺市政府应设立相应的财政基金，使用失业保险等社保基金，用于煤矿下岗职工的最低生活保障，以及提供公益性岗位安置下岗职工。

（三）财政和金融扶持

抚顺市作为资源枯竭型城市,矿山地质灾害治理及转型产业发展需要大量资金注入，应多措并举，解决资金问题。

(1)推动地方政府与政策性银行合作创建资源型城市转型金融创新试验区。

抚顺市与国家开发银行等政策性银行应合作建设国家资源型城市转型发展金融创新试验区，并制定全面合作的一揽子计划，分类分期对不同类型的项目提供不同政策的金融支持，为城市转型发展注入活力。

(2)调整省属以上企业财税分配关系。

对资源型城市的财税分配关系进行调整是解决资源型城市可持续发展的关键政策。辽宁省政府应调整省属以上企业的财税分配关系，将省属税收部分返还地方，用于支持城市转型、采煤影响区综合治理、接续产业发展和职工社保资金缺口问题。下步抚顺市应按照"一城一策"的原则，积极争取国家能在一定期限、一定范围内扩大税收的地方留存比例，解决资源型城市税收与税源背离的现象，保障资源型城市健康发展。

(3)强化煤炭开采企业的主体责任。

严格按照"谁破坏、谁治理"的原则，要求煤炭开采企业履行治理责任，制定将生态恢复和治理费用计入生产成本的方法和标准,交由抚顺市政府统一协调使用。

(4)设置煤炭企业改革发展引导基金。

辽宁省可设立专项基金支持煤炭企业并购重组，培育新兴产业，推动实施重大项目。基金可采用母子基金运作模式，其中，除省级财政分年安排出资外，可定向募集社会资金。

(5)合理调配增加煤炭企业国家资本金。

财政已拨付省属煤炭企业的安全生产、基建技改、技术创新等方面的资金，根据目前的使用情况，经批准，可以转增为省属煤炭企业的国家资本金。今后，财政安排的非公益性项目资金可采取增加国家资本金的方式予以拨付，优先鼓励支持新兴产业、新动能项目。

参 考 文 献

[1] 葛书红. 煤矿废弃地景观再生规划与设计策略研究[D]. 北京: 北京林业大学, 2015.

[2] 高文文. 废弃露天矿再利用模式研究及实证[D]. 北京: 中国地质大学, 2017.

[3] 冷艳菊, 赵宏燕. 资源枯竭型城市转型的路径——以阜新市为例[J]. 辽宁工程技术大学学报(社会科学版), 2011, 2: 169-171.

[4] 凤凰品城市. 百年煤矿扎赉诺尔: 城市变奏进行时 [EB/OL]. (2018-10-12) [2019-10-11]. http://www.sohu.com/a/259113373_488812.

[5] 郭文彬, 刘志斌, 马传斌, 等. 呼伦贝尔草原已闭坑露天矿生态恢复研究[J]. 煤炭工程, 2016, 48(2): 131-133.

[6] Argonne National Laboratory, Acres American Incorporated. Siting opportunities in the U.S. for compressed air and underground pumped hydro energy storage facilities[M]. Buffalo: Acres American Inc, 1976.

[7] Jalili P, Saydam S, Cinar Y. CO_2 Storage in abandoned coal mines[C]//11th Underground Coal Operators' Conference. University of Wollongong & the Australasian Institute of Mining and Metallurgy, 2011: 355-360.

[8] Cowen R. Mining for missing matter: In underground lairs, physicists look for the dark stuff[J]. Science News, 2010, 178(5): 22-27.

[9] 国务院关于印发全国资源型城市可持续发展规划(2013—2020 年)的通知. (2013-12-03) [2019-12-30]. http://www.gov.cn/zwgk/2013-12/03/content_2540070.htm.

[10] 张锡凯. 工业发展对宝鸡城市空间演变的作用途径及机理研究[D]. 西安: 西安建筑科技大学, 2017.

[11] 王建伟, 徐琴. 城市发展对地下空间的需求研究[J]. 中华民居, 2013, (2): 26.

[12] 万典. 遂宁市主城区城市空间形态演变研究[D]. 成都: 成都理工大学, 2018.

[13] 吕云锋. 长春市城市空间结构的历史演变研究[J]. 长春师范学院学报, 2010, (12): 64.

[14] 谢娜娜. 全域旅游视角下旅游与城市发展的耦合研究[D]. 泉州: 华侨大学, 2017.

[15] 廖重斌. 环境与经济协调发展的定量评判及其分类体系——以珠江三角洲城市群为例[J]. 热带地理, 1999, (2): 76-82.

[16] Song J, Wang S J, Ye Q, et al. Urban spatial morphology characteristic and its spatial differentiation of mining city in China. Areal Research Development, 2013, 31: 1.